AUSTRILIA SENIOR SCHOOL
MATHEMATICAL COMPETITION
QUESTIONS AND ANSWERS,
MIDDLE VOLUME, 1985–1991

澳大利亚中学
数学竞赛试题及解答

中级卷 1985—1991

● 刘培杰数学工作室 编

哈尔滨工业大学出版社
HARBIN INSTITUTE OF TECHNOLOGY PRESS

内容简介

本书收录了 1985 年至 1991 年澳大利亚中学数学竞赛中级卷的全部试题,并且给出了每道题的详细解答,其中有些题目给出了多种解法,以便读者加深对问题的理解并拓宽思路.

本书适合中学生、教师及数学爱好者参考阅读.

图书在版编目(CIP)数据

澳大利亚中学数学竞赛试题及解答. 中级卷. 1985—1991/刘培杰数学工作室编. — 哈尔滨:哈尔滨工业大学出版社,2019.3

ISBN 978-7-5603-7967-8

Ⅰ.①澳… Ⅱ.①刘… Ⅲ.①中学数学课-题解 Ⅳ.①G634.605

中国版本图书馆 CIP 数据核字(2019)第 015136 号

策划编辑	刘培杰　张永芹
责任编辑	张永芹　邵长玲
封面设计	孙茵艾
出版发行	哈尔滨工业大学出版社
社　　址	哈尔滨市南岗区复华四道街 10 号　邮编 150006
传　　真	0451-86414749
网　　址	http://hitpress.hit.edu.cn
印　　刷	哈尔滨市石桥印务有限公司
开　　本	787mm×960mm　1/16　印张 9.75　字数 99 千字
版　　次	2019 年 3 月第 1 版　2019 年 3 月第 1 次印刷
书　　号	ISBN 978-7-5603-7967-8
定　　价	28.00 元

(如因印装质量问题影响阅读,我社负责调换)

目录

第1章　1985年试题　//1

第2章　1986年试题　//20

第3章　1987年试题　//38

第4章　1988年试题　//57

第5章　1989年试题　//76

第6章　1990年试题　//93

第7章　1991年试题　//108

编辑手记　//123

第1章 1985年试题

1. $\frac{1}{4}+\frac{1}{6}$ 等于( ).

A. $\frac{1}{5}$ B. $\frac{2}{5}$ C. $\frac{1}{24}$

D. $\frac{1}{10}$ E. $\frac{5}{12}$

解 $\frac{1}{4}+\frac{1}{6}=\frac{1}{24}(6+4)=\frac{10}{24}=\frac{5}{12}$. (E)

2. 下列数中哪一个最小( ).

A. 0.078 B. 0.09 C. 0.2

D. 0.089 E. 0.166 2

解 最小的数是 0.078. (A)

3. $5x-2-(3x-4)$ 等于( ).

A. $2x-4$ B. $-2x+2$ C. $2x+2$

D. $2x-2$ E. $2x-6$

解 $5x-2-(3x-4)=5x-2-3x+4=2x+2$.

(C)

4. 数 0.32,0.302,0.7,0.688 和 0.649 中最大数与最小数的和为( ).

A. 1.008 B. 1.002 C. 1.388

D. 1.02 E. 0.969

解 和是 $0.302+0.7=1.002$. (B)

1

澳大利亚中学数学竞赛试题及解答(中级卷)1985—1991

5. 一堆纸由 1 000 000 张厚度为 0.25 mm 的纸叠成,这堆纸的高度为( ).

A. 0.25 m　　　B. 2.5 m　　　C. 25 m

D. 250 m　　　E. 2 500 m

解 总的高度 = (1 000 000 × 0.25)mm = (1 000 × 0.25) m = 250 m.　　　　　(D)

6. 等式 $\dfrac{2}{15} = \dfrac{1}{8} + \dfrac{1}{x}$ 中 x 的值为( ).

A. $\dfrac{15}{8}$　　　B. $\dfrac{1}{7}$　　　C. 7

D. $\dfrac{120}{31}$　　　E. 120

解 $\dfrac{2}{15} = \dfrac{1}{8} + \dfrac{1}{x}$,因此 $\dfrac{1}{x} = \dfrac{2}{15} - \dfrac{1}{8} = \dfrac{16-15}{120} = \dfrac{1}{120}$,即 $x = 120$.　　　　　(E)

7. 在图 1 中,x 的值是( ).

A. 88　　　B. 90　　　C. 92

D. 96　　　E. 112

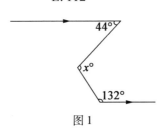

图 1

解 在图 2 中,$y = 44$ 而 $z = 180 - 132 = 48$,所以 $x = y + z = 44 + 48 = 92$.

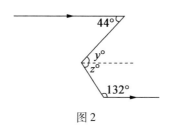

图2

(C)

8. 我的猫的皮毛养护液的用量是每天 1.25 mL. 一瓶 150 mL 的养护液大约能用几个月?( ).

A.5 个月　　B.1 个月　　C.2 个月

D.6 个月　　E.4 个月

解　一瓶养护液可用 $\dfrac{150}{1.25}$ 天,即 $150 \times \dfrac{4}{5}$ 天 = 120 天,或者说约 4 个月.　　　　　　(E)

9. 一个等腰三角形的一个角为 86°. 其余两角之一的度数为( ).

A.8°　　B.94°　　C.57°

D.4°　　E.43°

解　如图3所示,只有两种可能性:

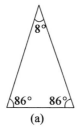 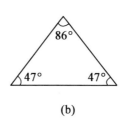

(a)　　　　　　　(b)

图3

于是另一角可能是 8° 或 47°. 其中只有 8° 在供选择的

范围之列. (A)

10. 两数之差是 30. 如果每个数加上 5,则大数是小数的 3 倍. 原来的两数中较小的数是( ).

A. 5   B. 8   C. 10
D. 12   E. 15

解 设两数为 x 和 y,y 是较大数,则有
$$y - x = 30 \quad (1)$$
和
$$y + 5 = 3(x + 5) \quad (2)$$
由(1),$y = x + 30$. 代入(2) 得
$$x + 30 + 5 = 3x + 15$$
即 $2x = 20$,故 $x = 10$. (C)

11. 玛丽(Mary)这个学期已经参加了 10 次测验,她的平均分为 68. 为了使平均分提高到 70,她在最后一次测验时必须得到多少分?( ).

A. 70 分   B. 72 分   C. 78 分
D. 88 分   E. 90 分

解 玛丽在 10 次测验中的总分是 $68 \times 10 = 680$ 分. 如果在 11 次测验中平均分是 70 分,则 11 次测验的总分是 770 分. 这样在下次测验中她必须得到(770 − 680) 分,即 90 分. (E)

12. 点 P,Q,R 和 S 位于以 T 为圆心的一个圆上. $\angle SPT$,$\angle PQT$ 和 $\angle QRT$ 的值如图 4 所示,$\angle RST$ 为 $x°$. x 的值是( ).

A. 45   B. 30   C. 40
D. 60   E. 55

第1章 1985年试题

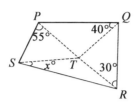

图4

解 如图5,因为 P, Q, R 和 S 位于以 T 为圆心的圆上,我们有 $TP = TQ = TR = TS$. 因此 $\triangle TPQ$, $\triangle TQR$, $\triangle TRS$ 和 $\triangle TSP$ 是等腰三角形;在每个三角形中,T 都是一个角的顶点,该角跟其他两角不等. 于是 $\angle TPQ = 40°$,$\angle TQR = 30°$,$\angle TRS = x°$ 且 $\angle TSP = 55°$. 而

$$\angle PTQ = 180° - 2(40°) = 100°$$
$$\angle QTR = 180° - 2(30°) = 120°$$
$$\angle RTS = 180° - 2x°$$
$$\angle STP = 180° - 2(55°) = 70°$$

这四个角的和必为 $360°$,故 $100 + 120 + 180 - 2x + 70 = 360$,即 $2x = 470 - 360 = 110$,所以 $x = 55$.

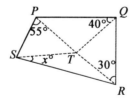

图5

(E)

13. 1 km 长的一列货车正以每小时 20 km 匀速行进. 在下午 1 时火车进入一个 1 km 长的隧道. 问什么时候火车的尾部从隧道中出来?( ).

A. 下午 1:05　　B. 下午 1:03　　C. 下午 1:20

D. 下午 1:06　　E. 下午 1:12

解 如图 6,当火车尾部从隧道中出来时,火车已行驶了 2 km. 于是我们要想知道,以时速 20 km 行驶的火车向前走 2 km 需要多长时间,即需要 $\frac{2}{20}$ h,或 $\frac{2}{20} \times 60 = 6$ (min). 所以火车尾部出来时是下午 1:06.

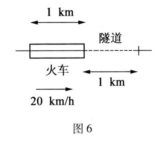

图 6

(D)

14. 有一圆形运动场,其边界用绳子围着. 若运动场的直径增加 20 m,所用的绳子需加长多少米? ( ).

A. 20 m　　　B. 10π m　　　C. 20π m

D. 40π m　　E. 不能确定

解 如图 7,设该运动场的直径为 d m. 那么绳子的长度为 πd m. 若直径增加到 $(d + 20)$ m 时,则绳子的长度需要达到 $\pi(d + 20)$ m. 那么绳子加长了 $\pi(d + 20) - \pi d$ m,即 20π m.

第1章　1985年试题

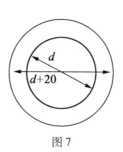

图7

(C)

15. 被定罪流放到新南威尔士(New South Wales)的罪犯,在1787年到1788年,分别乘坐"第一航队"的六艘船,向流放地驶去. 这六艘船的名字是:亚历山大号(Alexander)、夏洛特号(Charlotte)、友谊号(Friendship)、彭林夫人号(Lady Penrhyn)、威尔士亲王号(Prince of Wales)和斯卡伯勒号(Scarborough). 夏洛特号与彭林夫人号上的犯人数目的和等于亚历山大号上的犯人数目. 亚历山大号比斯卡伯勒号多运1个犯人. 彭林夫人号比夏洛特号少运5个犯人. 如果友谊号多运5个犯人,则它运的犯人数是威尔士亲王号上犯人数的两倍. 彭林夫人号比友谊号多运8个犯人. 威尔士亲王号运送了50个犯人. 斯卡伯勒号上有( ).

A. 60 个　　B. 210 个　　C. 108 个

D. 211 个　　E. 61 个

解　用各船名称的首字母代表各船,我们有

$$C + L = A \qquad (1)$$
$$A = S + 1 \qquad (2)$$

7

$$L = C - 5 \qquad (3)$$
$$F + 5 = 2P \qquad (4)$$
$$L = F + 8 \qquad (5)$$
$$P = 50 \qquad (6)$$

于是

$$(6) \Rightarrow P = 50$$
$$(4) \Rightarrow F = 95$$
$$(5) \Rightarrow L = 103$$
$$(3) \Rightarrow C = 108$$
$$(1) \Rightarrow A = 211$$
$$(2) \Rightarrow S = 210 \qquad (\ B\ )$$

16. 设 $\dfrac{x}{y} = \dfrac{y + \dfrac{8}{5}}{x + \dfrac{24}{5}} = \dfrac{3}{5}$,则 y 等于( ).

A. -16 B. $\dfrac{4}{5}$ C. 1

D. $\dfrac{6}{5}$ E. 2

解 因 $\dfrac{x}{y} = \dfrac{3}{5}$,则 $x = \dfrac{3y}{5}$,于是 $\dfrac{y + \dfrac{8}{5}}{\dfrac{3y}{5} + \dfrac{24}{5}} = \dfrac{3}{5}$,

即 $y + \dfrac{8}{5} = \dfrac{9y}{25} + \dfrac{72}{25}$,亦即 $\dfrac{16y}{25} = \dfrac{32}{25}$,故 $y = 2$. (E)

17. 如图 8(a),有一张半径为 5 cm 的圆形的纸,剪去一个含有 144° 角的扇形,剩下的扇形做成一个正圆锥(图 8(b)).(半径为 r,垂直高度为 h 的圆锥的体积

为 $\frac{1}{3}\pi r^2 h$). 该圆锥的体积等于(　　).

A. $\left(\frac{4}{3}\pi\sqrt{21}\right)$ cm³　B. 4π cm³　C. 12π cm³

D. 15π cm³　　　　E. 36π cm³

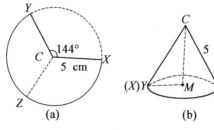

图 8

解　圆锥的底的周长 = $\left(\frac{216}{360}\times$ 原来的圆的周长$\right)$ cm = $\left(\frac{216}{360}\times 10\pi\right)$ cm = 6π cm.

所以圆锥的半径 = $\frac{6\pi}{2\pi}$ cm = 3 cm. △CMX 是直角三角形(∠M 是直角). 于是该圆锥的高为 $\sqrt{5^2-3^2}$ cm = 4 cm. 因此, 圆锥的体积等于 $\left(\frac{1}{3}\pi\times 3^2\times 4\right)$ cm, 或 12π cm.

(C)

18. 在我住的街道,沿街房子的门牌号码是这样排定的:在街道一侧从 1 开始,依次用相继的奇数排定;另一侧则用偶数. 我的房子是 137 号,如果从这条街的另一端开始排号,我的房子则是 85 号. 我住的街道的这一侧有多少栋房子?(　　).

A. 112 栋　　　B. 222 栋　　C. 111 栋

D. 220 栋   E. 110 栋

解 在我的住房的一侧有 $\frac{137-1}{2} = \frac{136}{2} = 68$ 栋房子. 在我的住房的另一侧有 $\frac{85-1}{2} = \frac{84}{2} = 42$ 栋房子. 所以在我们住的街道一侧,包括我自己的房子在内共有 $68 + 1 + 42 = 111$ 栋房子. (C)

19. 在一个悬空的立方体的每个面上有一只蚂蚁. 每只蚂蚁都在自己的面上沿着四条边转圈爬行. 立方体的一条边被称为逆行边,是指两只蚂蚁沿着它爬行时的方向是相反的. 在图9中 PQ 是逆行边,而 PR 就不是. 逆行边至少有( ).

A. 2 条   B. 3 条   C. 4 条
D. 5 条   E. 6 条

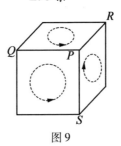

图9

解 对(蚂蚁爬行的)各路线所形成的任一种格局,立方体的顶点可分为两种类型:

(1) 经该顶点有一条非逆行边:由圆可知,此时该顶点处必定正好有两条非逆行边;

(2) 经该顶点的三条边全是逆行边.

假定在某种格局下,有 r 个(2)型顶点,则该立方

体的逆行边的数目为

$$\frac{1}{2}[3r + 8 - r] = 4 + r \geqslant 4$$

(式中需乘 $\frac{1}{2}$ 是因为每条逆行边被算过两次.)

显然,当 $r = 0$ 时,上式达到最小值,即每个顶点都是(1)型的.这种格局是可能的.例如可以这样安排蚂蚁的爬行路线,使得从正方体内部看,上下两面按顺时针方向爬,其他四个面按逆时针方向爬(图10).

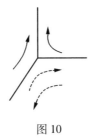

图10

(C)

20. 参加网球单打比赛的有10名运动员.主办者需将这10名选手分为五对以进行第一轮比赛.第一轮比赛可以有多少种不同的安排方式?(　　).

A.10 种　　　B.1 024 种　　　C.945 种

D.32 种　　　E.50 种

解法1　设 P 是10名选手中的任一位,他只打一场.此时有9个不同的对手,跟他对阵的记为 Q,现随意考虑第三位选手 R.他也只打一场,此时还有7个对手,跟 R 对阵的记为 S.继续用这个办法,我们可知第一轮可有 $9 \times 7 \times 5 \times 3 \times 1$,即945种不同的安排方法.

解法2 另一种计算方法是利用10个符号的排列. 任何一种10个符号的排列都可用来确定出第一轮的对阵形势,只要我们同意让五对相邻的选手成为单打的对手,即按如下方式将选手配对比赛

$$(i_1,i_2),(i_3,i_4),\cdots,(i_9,i_{10})$$

但是,很多种排列产生的第一轮对阵形势相同. 5对选手的排列数有5!种,都产生同一个第一轮的对阵形势. 另外,如果用(i_{j+1},i_j)代替(i_j,i_{j+1})也得到同样的对阵形势. 于是,真正不同的第一轮对阵形势的数目是

$$\frac{10!}{5! \times 2^5} = 9 \times 7 \times 5 \times 3 \times 1 = 945$$

(C)

21. 在半径等于10 cm的圆内有一弦心距为6 cm的弦. 若另有一弦其长度是上述弦的一半,则该弦的弦心距将等于( ).

A. $\sqrt{96}$ cm   B. $\sqrt{84}$ cm   C. 9 cm

D. 8 cm   E. 3π cm

解 如图11,令第一条弦的长度的一半等于 x cm. 由图可知 $\triangle OAB$ 是直角三角形,直角在 A 处;根据毕达哥拉斯定理可推出 $x = 8$. 第二条弦的弦心距是 $(6+y)$ cm. 利用图中的记号,$\triangle OCD$ 是直角三角形,直角在 C 处. 于是,根据毕达哥拉斯定理,我们有 $10^2 = (6+y)^2 + (\frac{x}{2})^2 = (6+y)^2 + 16$,所以 $6 + y = \pm\sqrt{100-16} = \pm\sqrt{84}$. 因为距离必定是正的,所以第二条弦的弦心距是 $\sqrt{84}$ cm.

第1章　1985年试题

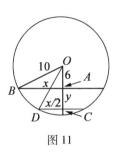

图11

(B)

22. 当纸牌游戏开始时,安(Ann)、博比(Bobby)和卡拉(Carla)每人所拥有的钱数之比为11∶8∶5. 在游戏结束时,钱的总数不变,但每人的钱数之比变成了4∶3∶2. 判定下列论断哪个是真?( ).

A. 安和博比输,卡拉赢

B. 安和卡拉赢,博比输

C. 安赢,博比输,卡拉不输不赢

D. 安输,卡拉赢,博比不输不赢

E. 以上皆非

解 安、博比和卡拉原有的钱数分别占总数的 $\frac{11}{24}, \frac{8}{24}$ 和 $\frac{5}{24}$. 可以将这三个数写为 $\frac{33}{72}, \frac{24}{72}, \frac{15}{72}$. 当游戏结束时相应的比率分别为 $\frac{4}{9}, \frac{3}{9}$ 和 $\frac{2}{9}$, 它们可写为 $\frac{32}{72}, \frac{24}{72}$ 和 $\frac{16}{72}$. 于是安输了,卡拉赢了,博比不输不赢. (D)

23. 如图12,等腰 △PQR 中,PQ = PR. 作 PS 使得 ∠RPS = 20°. 作 ST 使得 PT = PS. 则 ∠QST 等于( ).

　　A. 8°　　　　　B. 9°　　　　　C. 10°

D. 12.5°   E. 20°

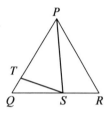

图 12

解 如图 13,因为 $PQ = PR$,所以 $\angle PQR = \angle PRQ$,假定它们等于 $x°$. 类似地,因为 $PT = PS$,所以 $\angle PST = \angle PTS$,假定它们等于 $y°$. 于是 $\angle TPS = (180 - 2y)°$,但 $\angle QPR = (180 - 2x)°$,所以 $180 - 2y + 20 = 180 - 2x$,即 $20 = 2y - 2x$,亦即 $y - x = 10$. 由 $\angle QTS = (180 - y)°$,我们有

$$\angle QST = (180 - (180 - y) - x)° = (y - x)° = 10°$$

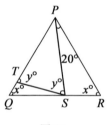

图 13

(C)

24. 巴德(Bud)夏天在农场找到了一份工作. 他拿了四袋马铃薯去称重量,秤只能称100 kg以上的重量,而巴德的四袋马铃薯都不到 100 kg. 于是他两袋两袋地称,解决了这个问题. 他称出来的重量是 103 kg,

105 kg,106 kg,106 kg107 kg,109 kg.那么最轻的一袋马铃薯的重量是(   ).

A. 50 kg　　　　B. 51 kg　　　　C. 49 kg

D. 52 kg　　　　E. 48 kg

解　设这些袋马铃薯分别重为 x kg,y kg,z kg 和 w kg,并使得 $x < y \leqslant z \leqslant w$.

显然 $x+y \leqslant x+z \leqslant x+w$,并且 $y+z \leqslant y+w \leqslant z+w$.

又因为 $x+z < y+z$ 且 $x+w < y+w$,可将这六种组合按重量的非降的次序排列如下:

$x+y,x+z;x+w$ 与 $y+z$(二者次序不定);$y+w$,$z+w$.

因为中间两个重量相等,且都是 106 kg,我们就知道

$$x+y=103, x+z=105$$
$$x+w=106, y+z=106$$
$$y+w=107, z+w=109$$

这些方程有唯一解 $x=51,y=52,z=54,w=55$.

(B)

25. 彼得(Peter)和路易斯(Lois)搭乘袋熊(Wombat)航空公司的飞机从阿德莱德(Adelaide)飞往甘比尔山(Mount Gambier),但因为他们的行李超出了航空公司规定的重量,所以要求他们支付附加费. 航空公司收费方法是对超出规定的重量每千克收取相同的费用. 彼得付了 60 元,路易斯付了 100 元. 他们一共有 52 kg 的行李. 如果彼得自己带着两人的全部行李走,他将必须付 340 元. 每人最多带的、不需付附加

费的行李是(   ).

A. 20 kg   B. 15 kg   C. 12 kg

D. 18 kg   E. 30 kg

解 设每人可携带免费运送的行李 x kg. 设超出部分的行李每千克加收 y 元. 如果彼得和路易斯一同旅行,则有 $60+100=160=$ 全部费用 $=$（免费行李千克数）×（免费行李单价）+（超重行李千克数）×（每千克超重行李的附加费）$=2x\times 0+(52-2x)y$.

类似地,如果彼得独自走,我们可得出

$$340 = x \times 0 + (52-x)y$$

因此有

$$y = \frac{160}{52-2x} = \frac{340}{52-x}$$

于是

$$160(52-x) = 340(52-2x)$$

即

$$160 \times 52 - 160x = 340 \times 52 - 680x$$

$$x = \frac{(340-160)\times 52}{680-160} = \frac{180 \times 52}{520} = 18$$

(D)

26. 在图14中,PQR 代表一扇窗. PR 是长为 2 m 的直线段. RQ 是圆心为 P、半径为 PR 的一段圆弧. PQ 是圆心为 R,半径为 RP 的一段圆弧. 那么能在窗内作的最大的圆的面积是(   ).

A. $\frac{9}{16}\pi$ m²   B. $\frac{3}{4}\pi$ m²   C. $\frac{5}{8}\pi$ m²

D. $\dfrac{3}{8}\pi$ m²   E. $\dfrac{7}{8}\pi$ m²

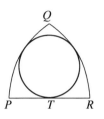

图 14

解 如图 15，令内切圆与 $\overset{\frown}{QR}$ 的切点为 U，与 $\overset{\frown}{PQ}$ 的切点为 V. 内切圆的圆心必须既在 PU 上也在 RV 上，所以必是它们的交点，我们记作 O. 令内切圆的半径为 r m.

根据对称性，由 O 向 PR 作的垂线交 PR 于点 T，它正是内切圆与 PR 的切点. 于是 PT 的长为 1 m，OT 的长为 r m，由毕达哥拉斯定理知 PO 的长为 $\sqrt{r^2+1}$ m，但 PU 的长为 2 m，OU 的长为 r m，故 $\sqrt{r^2+1}+r=2$，即 $\sqrt{r^2+1}=2-r$，即 $r^2+1=r^2+4-4r$，亦即 $r=\dfrac{3}{4}$ m.

所以内切圆的面积是 $\dfrac{9}{16}\pi$.

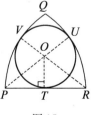

图 15

(A)

27. 有几种方式能将75表示为$n(n \geq 2)$个相继正整数之和?( ).

A. 0 种　　　　B. 1 种　　　　C. 3 种
D. 5 种　　　　E. 6 种

解 设满足条件的每列相继的数中的第一个数和最后一个数分别为f和l. 那么

$$75 = (数列中数的个数) \times (平均数)$$
$$= n\left(\frac{f+l}{2}\right)$$

即
$$150 = n(f+l)$$

n, f, l都是整数, 故n必除得尽$150 = 2 \times 3 \times 5^2$. 于是仅有的可能是$n = 2, 3, 5, 6, 10, 15, \cdots$. 现在来列举各种可能的情形如表1:

表1

n	$f+l$	和
2	75	$75 = 37 + 38$
3	50	$75 = 24 + 25 + 26$
5	30	$75 = 13 + 14 + 15 + 16 + 17$
6	25	$75 = 10 + 11 + 12 + 13 + 14 + 15$
10	15	$75 = 3 + 4 + 5 + \cdots + 11 + 12$

对于$n = 15$或更大的值, 数列中最小的值必定是负的, 因为诸如$n = 15$时, 其夹均值(即中间的数)必须是5, 这不符合条件. 所以只有 5 种可能的n值.

(D)

28. 在一矩形内选一点, 使得它到矩形一个顶点的

第 1 章 1985 年试题

距离是 11 cm,到上述顶点相对的顶点的距离是 12 cm,到第三个顶点的距离是 3 cm,则它到第 4 个顶点的距离是(   ).

A. 20 cm 　　B. 16 cm 　　C. 18 cm

D. 14 cm 　　E. 13 cm

解 令该矩形为 $PQRS$(图 16),过矩形内一个点作一条垂直线和一条水平线,它们交 PQ 于 T,交 QR 于 U,交 RS 于 V,并交 SP 于 W. 这一点记作 O. 设 $PT = a$ cm,$TQ = b$ cm,$QU = c$ cm 且 $UR = d$ cm. 根据毕达哥拉斯定理,我们可知

$$a^2 + c^2 = 9 \qquad (1)$$
$$a^2 + d^2 = 121 \qquad (2)$$
$$b^2 + c^2 = 144 \qquad (3)$$
$$b^2 + d^2 = x^2 \qquad (4)$$

其中 x 是所求的数. 通过 (4) − (3),我们得 $x^2 − 144 = d^2 − c^2$. 而由 (2) − (1) 我们知道 $d^2 − c^2 = 121 − 9 = 112$. 因此 $x^2 = 144 + (d^2 − c^2) = 144 + 112 = 256$. 由于 $x > 0$,我们知 $x = \sqrt{256} = 16$.

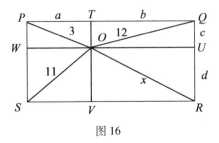

图 16

(B   )

第 2 章　1986 年试题

1. 7 − 0.001 等于(　　).

A. 6.99　　　B. 6.999　　　C. 6.009

D. 6.9　　　E. 6.991

解　7 − 0.001 = 6.999.　　　　　　(B)

2. $(\frac{1}{2})^2 - (\frac{1}{2})^3$ 等于(　　).

A. $\frac{1}{8}$　　　B. $\frac{3}{8}$　　　C. $\frac{1}{4}$

D. $-\frac{1}{2}$　　　E. $\frac{1}{12}$

解　$(\frac{1}{2})^2 - (\frac{1}{2})^3 = \frac{1}{4} - \frac{1}{8} = \frac{1}{8}$.　(A)

3. 如 $y = \frac{6}{4-x}, x = 2$,则 y 等于(　　).

A. 6　　　B. 2　　　C. 4

D. 1　　　E. 3

解　$\frac{6}{4-2} = \frac{6}{2} = 3$.　　　　　　(E)

4. 当图 1 按虚线折成一个立方体时,标为 U 的面所对的面的标记为(　　).

A. P　　　B. Q　　　C. R

D. S　　　E. T

第2章　1986年试题

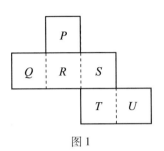

图1

解　当我们把顶面为 U 的立方体打开时, U 被移至距底面两个边长的位置上. 因此所求的面为 R.

(C)

5. 后腿牛排每千克价格为 9.78 元. 0.55 kg 后腿牛排的价格由下列哪个式子给出?(　　).

A. $9.78 \div 0.55$　　B. $0.55 \div 9.78$

C. 0.55×9.78　　D. $9.78 - 0.55$

E. $0.55 \div 978$

解　每千克的价格为 9.78 元, 因此 0.55 kg 的价格为 (0.55×9.78) 元.

(C)

6. 安妮(Anne)用袖珍计算器计算 0.075×1.34, 但安妮忘记输入小数点. 计算器显示出 10 050. 那么答案应该是(　　).

A. 1.005　　B. 100.5　　C. 10.05

D. 0.010 05　　E. 0.100 5

解　$0.075 \times 1.34 = 0.100 5$.

(E)

7. 三个人按 4∶3∶2 的比例分享一笔钱款,所得最少的人分到 250 元. 这笔钱款的总额是(　　).

A. 1 125 元　　B. 1 085 元　　C. 2 250 元

21

D. 2 500 元   E. 1 750 元

解 三个人的收入分别为 $(250 \times \frac{4}{2})$ 元,$(250 \times \frac{3}{2})$ 元和 250 元. 因此总额为 $(500 + 375 + 250)$ 元 = 1 125 元. (A)

8. 1 000 000 s 大约为（　）.

A. 3 天　　　B. 12 天　　　C. 3 个月

D. 1 年　　　E. 2 年

解 我们有

$$1\,000\,000\text{ s} = \frac{10 \times 10 \times 10 \times 10 \times 10 \times 10}{24 \times 60 \times 60} \text{ 天}$$

$$= \frac{10\,000}{24 \times 6 \times 6} \text{ 天}$$

$$= \frac{10\,000}{864} \text{ 天}$$

$$\approx 12 \text{ 天} \qquad (B)$$

9. 在图 2 中, 画箭头的两直线平行, x 的值是（　）.

A. 20　　　B. 30　　　C. 40

D. 60　　　E. 70

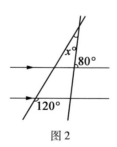

图 2

第2章 1986年试题

解 三角形的内角和等于180°.由此来看包含$x°$角的最小的那个三角形,$x + (180 - 120) + (180 - 80) = 180$,即 $x + 60 + 100 = 180$,即 $x = 20$.

(A)

10. 学校中有30个男孩和20个女孩参加竞赛.男孩中的10%和女孩中的20%得奖.全部参赛者中得奖人所占的百分数是( ).

A. 15%   B. 30%   C. 14%
D. 16%   E. 7%

解 全部男孩中得奖的人数是30的10%,即3人.全部女孩中得奖的人数是20的20%,即4人.所以全部学生中得奖者为7人,7人在全部50人中占14%.

(C)

11. 1790年4月12日,在悉尼(Sydney)湾居住的移民还余有10 840 kg的配给猪肉.预计要用这些猪肉供590人食用直到1790年8月26日.每人每日的猪肉配给量最接近于( ).

A. 125 g   B. 0.125 g   C. 875 g
D. 12.5 g   E. 600 g

解 所涉及的天数为
$$(30 - 12) + 31 + 30 + 31 + 26 = 136$$
这样每人每日平均的配给量为
$$\frac{10\,840 \times 1\,000}{136 \times 590} = \frac{10\,840}{590} \times \frac{1\,000}{136} \approx 18.3 \times 7 = 125$$
即约125 g.

(A)

23

12. 一支篮球队,为了获得决赛资格至少要在全部比赛的60%的场次中获胜.8场比赛后他们只胜了50%的场次,此时还剩下12场比赛.该球队在剩下的场次中获胜场次所占的百分数至少应该达到( ).

A. $33\dfrac{1}{3}\%$ B. 60% C. 70%

D. $66\dfrac{2}{3}\%$ E. 75%

解 总共有20场比赛.他们必须赢得的场次是20的60%,即12场.8场过后该队只赢得4场,他们必须再赢得 $12 - 4 = 8$ 场,百分数为 $\dfrac{8}{12} \times 100\% = 66\dfrac{2}{3}\%$.   (D)

13. 如图3,一件雕塑品由三个大立方体组成,一个叠一个,没有悬空的部分. 安放在墨尔本(Melbourne)市中心后,它暴露在外的表面将漆成淡黄色.最大的立方体平放在地上,每边长3 m.其他两个的边长分别是2 m和1 m.油漆的用量是每平方米1罐.共需油漆( ).

A. 36罐   B. 65罐   C. 70罐

D. 74罐   E. 75罐

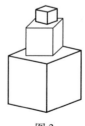

图3

第 2 章　1986 年试题

解　被漆的表面的平方米数是 5×1^2（顶上的立方体暴露在外的 5 个面）加 $5\times2^2-1^2$（中间的立方体）加 $5\times3^2-2^2$（底层的立方体），即 $5+19+41=65$.　　　　　　　　　　　　　　(B)

14. 用四个数字 1,9,8,6 来写出两个数,每个数字只许用一次,所写出的数可以是一位数、两位数或三位数. 这样的两个数最大可能的乘积是(　　).

A. 7 776　　B. 7 688　　C. 7 749

D. 7 826　　E. 9 861

解　得到的乘积可以是两个 2 位数之积或是 1 个 3 位数和 1 个 1 位数之积. 在后一情形,有四种可能性,即将 3 位数字按大小递减排列,有

$$1\times986, 6\times981, 8\times961, 9\times861$$

其中最大的是 7 749. 在前一情形,仍将数字按大小递减排列,可能的情形有

$$98\times61, 96\times81, 91\times86$$

其中最大者是最后一个,即 7 826.　　　　　　(D)

15. 某市 1983 年底统计 10 年平均降雨量为 631 mm. 一年后再统计 10 年平均降雨量为 601 mm,1984 年当年的降雨量是 450 mm. 问 1974 年降雨量是(　　).

A. 750 mm　　B. 616 mm　　C. 1 232 mm

D. 30 mm　　E. 480 mm

解法 1　利用 10 年的平均降雨量可得总降雨量. 我们有如下信息:

降雨年份	总降雨量
1974,1975,1976,…,1983	6 310　　(1)
1984	450　　(2)
1975,1976,…,1983,1984	6 010　　(3)

比较(2)和(3),1975年至1983年的降雨量是 $6\,010 - 450 = 5\,560$. 将此结果与(1)比较,1974年的降雨量为 $6\,310 - 5\,560 = 750$. 　　　　　　(A)

解法2　设1974年降雨量为 x mm. 设1975年至1983年的全部降雨量为 y mm. 于是有

$$631 = \frac{1}{10}(x+y)\text{(到1983年的10年平均降雨量)}$$

(1)

$$601 = \frac{1}{10}(y+450)\text{(到1984年的10年平均降雨量)}$$

(2)

由(2)可得 $y = 6\,010 - 450 = 5\,560$. 由(1)得 $x = 6\,310 - y = 6\,310 - 5\,560 = 750$.

16. 史蒂夫(Steve)开车从乌鲁木鲁(Wooloomooloo)到卡里卡里(Karri Karri)用时 3 h. 朱莉(Julie)跟他同时离开乌鲁木鲁,她的车速每小时比史蒂夫的车速慢 5 km,且她到达卡里卡里比史蒂夫晚了 20 min. 那么,从乌鲁木鲁到卡里卡里的距离是( ).

　　A. 135 km　　　B. 145 km　　　C. 150 km

　　D. 300 km　　　E. 不能确定

解　设从乌鲁木鲁到卡里卡里的距离是 x km. 史

蒂夫的车速是 $\frac{x}{3}$ km/h,朱莉的车速是 $(\frac{x}{3}-5)$ km/h.
因为朱莉行驶这段路程用了 $3\frac{1}{3}$ h,故 $\frac{x}{3}-5 = \frac{x}{3\frac{1}{3}}$,

即 $x(\frac{1}{3}-\frac{1}{3\frac{1}{3}})=5$,亦即 $x(\frac{10-9}{30})=5$. 所以 $x=5\times$

$30=150$.   (C)

17. 如图 4,一个圆被三条半径分为三个相等的扇形. 一个这样的扇形的周长与该圆周长的比等于( ).

A. $\frac{1}{3}$ B. $\frac{1}{3}+\frac{2}{\pi}$ C. $\frac{1}{3}+\frac{1}{\pi}$

D. $\frac{1}{2}$ E. $\frac{1}{2}+\pi$

图 4

解 令该圆的半径为 r 单位. 那么该圆的周长等于 $2\pi r$ 单位. 一个扇形的周长等于 $(r+r+\frac{2}{3}\pi r)$ 单位,即 $r(2+\frac{2}{3}\pi)$ 单位. 所以,一个扇形的周长对整个圆周长的比为 $\frac{2+\frac{2}{3}\pi}{2\pi}=\frac{1}{\pi}+\frac{1}{3}$.   (C)

18. 从布里斯班(Brisbane)开往图文巴(Toowoomba)的列车在每个整点发车. 从图文巴开往布里斯班的列车也是每逢整点发车,两个方向的行驶时间都是 3 h 45 min. 如果你坐上中午12点从图文巴开往布里斯班的火车,在旅途中将有几列开往图文巴的列车从你的列车旁边经过?(　　).

A.3 辆　　　B.4 辆　　　C.5 辆
D.6 辆　　　E.7 辆

解 当你离开图文巴时,有三列从布里斯班开来的列车正在途中行驶,另有一列正从布里斯班开出,总共是四列. 在你的 $3\frac{3}{4}$ h 的行程中,又会有三列火车开出布里斯班,所以一共将有七列火车从你的列车旁驶过.　　　　　　　　　　　　　　(E)

19. 图 5 中,阴影部分占整个矩形 PQRS 的(　　).

A. $\frac{1}{3}$　　　B. $\frac{2}{3}$　　　C. $\frac{3}{8}$

D. $\frac{5}{9}$　　　E. $\frac{4}{9}$

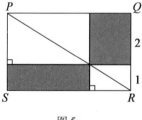

图 5

解 设总面积为 T 平方单位. 于是垂直分割线的左边为 $\frac{2}{3}T$, 而右边为 $\frac{1}{3}T$. 水平分割线的上边为 $\frac{2}{3}T$, 而下边为 $\frac{1}{3}T$. 那么, 左下方阴影部分的面积为 $\frac{1}{3}(\frac{2}{3}T)$, 而右上方阴影的面积为 $\frac{2}{3}(\frac{1}{3}T)$. 故全部阴影的面积为 $(\frac{2}{9}+\frac{2}{9})T$, 即 $\frac{4}{9}T$. (E)

20. 在一次有 20 个学生参加的聚会中, 玛丽 (Mary) 和 7 个男孩跳了舞, 珍 (Jane) 和 8 个男孩跳了舞, 梅布尔 (Mabel) 和 9 个男孩跳了舞, 等等. 直到最后一个女孩内利 (Nellie), 她和所有男孩跳了舞, 聚会男孩子有 ( ).

  A. 11 个   B. 12 个   C. 13 个

  D. 14 个   E. 15 个

解 内利和所有男孩子跳过舞. 设有 x 个女生, 内利是第 x 个女生, 与 $x+6$ 个舞伴跳过舞. 因此 $x+(x+6)=20$, 即 $x=7$. 所以有 13 个男孩子. (C)

21. 一位室内装潢商人买了 240 元的纺织品. 如果她要在另一个批发商那里买, 每米要多花 4 元, 这样用同样的钱就少买 3 m. 那么, 她买了多少米纺织品? ( ).

  A. 16 m   B. 10 m   C. 12 m

  D. 14 m   E. 15 m

解 假定这个装潢商人买了 x m 纺织品, 那么每米价格为 $\frac{240}{x}$ 元. 另一个批发商标价每米 $(\frac{240}{x}+4)$ 元,

于是有 $\dfrac{240}{x-3} = \dfrac{240}{x} + 4$,即

$$240x = 240(x-3) + 4x(x-3)$$
$$720 = 4x^2 - 12x$$
$$x^2 - 3x - 180 = 0$$
$$(x-15)(x+12) = 0$$

因为 x 必是正数,所以 $x = 15$. （ E ）

22. 在水平的平面上,有一个边长为 1 m 的等边三角形.在它的三个顶点分别垂直竖立着高度为 1 m,2 m 和 3 m 的杆,由杆的顶点形成的三角形的面积为（ ）.

A. $\dfrac{\sqrt{3}}{2}$ m² B. $\dfrac{\sqrt{3}}{4}$ m² C. $\dfrac{\sqrt{15}}{4}$ m²

D. 1 m² E. 2 m²

解 如图 6,所求的位于上面的那个三角形的面积与由高度为 0 m,1 m 和 2 m 的杆的顶点形成的三角形的面积相等.

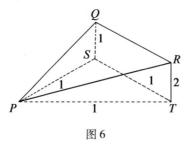

图 6

如图 7,令 △PST 为等边三角形,位于上面的三角形为 △PQR. 根据毕达哥拉斯定理,可知 PR, RQ 和 QP 的长度分别为 $\sqrt{5}$, $\sqrt{2}$ 和 $\sqrt{2}$. 所以 △PQR 是等腰三角

形.

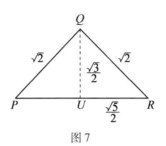

图 7

若从 Q 向 PR 引垂线,交 PR 于 U,由此推出 QU 的长度为 $\sqrt{2-\dfrac{5}{4}}=\dfrac{1}{2}\sqrt{3}$,故 $\triangle PQR$ 的面积等于 $\dfrac{1}{2}$ 底 × 高 $=\dfrac{1}{2}\times\sqrt{5}\times\dfrac{1}{2}\sqrt{3}=\dfrac{1}{4}\sqrt{15}\,(\text{m}^2)$.

(C)

23. 有四根木料,其长度已在图 8 上标明. 它们按图中的方式平行地摆放. 我们沿着与木料垂直的方向 L 切割它们,使得 L 左右两边的木料的总长度相等. 那么最上面那根木料在 L 左方的部分的长度为(   ).

A. 4.25 m   B. 3.5 m   C. 4 m
D. 3.75 m   E. 3.25 m

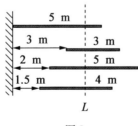

图 8

解 如图 9,设 x 是所求的长度. 则有第 1 根:在 L

左方的长为 x,在右方的长为 $5-x$;第2根:在 L 左方为 $x-3$,右方为 $3-(x-3)$;第3根:L 左方为 $x-2$,右方为 $5-(x-2)$;第4根:L 左方为 $x-1\frac{1}{2}$,右方为 $4-(x-1\frac{1}{2})$.

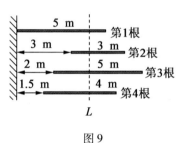

图 9

因此,左边的总长度为 $4x-6\frac{1}{2}$,右边的总长度是 $23\frac{1}{2}-4x$. 因为左右两边的长度必须相等,即 $4x-6\frac{1}{2}=23\frac{1}{2}-4x$,即 $8x=30$,故 $x=3.75$. (D)

24. 如图10,令 $\triangle PQR$ 是等边三角形,每边长度为3个单位. 设 U,V,W,X,Y,Z 将各边分割成单位长度. 四边形 $UWXY$(画阴影的部分)的面积对整个 $\triangle PQR$ 的面积之比为(   ).

A. $\frac{2}{3}$ B. $\frac{5}{9}$ C. $\frac{1}{2}$

D. $\frac{9}{4}$ E. $\frac{4}{9}$

第 2 章　1986 年试题

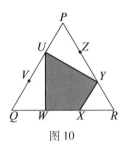

图 10

解　注意 △UQW 是一个边长为 2 单位长的等边三角形的一半，△PUY 的情况也一样，△YXR 为边长为 1 单位的等边三角形，将无阴影的面积相加为

$$(S_{\triangle UQW} + S_{\triangle PUY}) + S_{\triangle YXR}$$
$$= \left(\frac{2}{3}\right)^2 S_{\triangle PQR} + \left(\frac{1}{3}\right)^2 S_{\triangle PQR}$$
$$= \frac{5}{9} S_{\triangle PQR}$$

因此，阴影部分的面积等于 $S_{\triangle PQR} - \frac{5}{9} S_{\triangle PQR} = \frac{4}{9} S_{\triangle PQR}$.　　　　（ E ）

注　利用对 △PQR 的其他分割方式可得出解这一问题的其他方法.

25. 我们定义 $n! = n \times (n-1) \times (n-2) \times \cdots \times 3 \times 2 \times 1$，例如 $4! = 4 \times 3 \times 2 \times 1$. $(10!)(18!)$ 和 $(12!)(17!)$ 的最小公倍数是（　　）.

A. $\dfrac{(18!)(12!)}{6!}$　B. $(18!)(17!)$　C. $\dfrac{(12!)(18!)}{3!}$

D. $(12!)(18!)$　E. $\dfrac{(18!)(17!)}{6!}$

解 一个公倍数是 $x=(12!)(18!)$. 那么
$$x = 11 \times 12 \times (10!) \times (18!) = 6 \times 22 \times (10!) \times (18!)$$
同时
$$x = 18 \times (12!) \times (17!) = 6 \times 3 \times (12!) \times (17!)$$
因为 6, 即 3! 是两式的公因子, 所以
$$\frac{x}{6} = \frac{(12!)(18!)}{3!}$$
是所求的最小公倍数.   (C)

26. x 是正实数, 且 $\left(x+\dfrac{1}{x}\right)^2 = 7$, 则 $x^3 + \dfrac{1}{x^3}$ 等于 (　　).

A. $4\sqrt{7}$ B. $7\sqrt{7}$ C. $5\sqrt{7}$

D. $6\sqrt{7}$ E. $10\sqrt{7}$

解 $\left(x+\dfrac{1}{x}\right)^3 = x^3 + \dfrac{1}{x^3} + 3\left(x+\dfrac{1}{x}\right)$, 所以, $x^3 + \dfrac{1}{x^3} = 7\sqrt{7} - 3\sqrt{7} = 4\sqrt{7}$.   (A)

27. 一个实心立方体, 边长为 1 m. 距离该立方体表面恰为 1 m 的所有的点组成的集合, 将围出一个立体区域. 此立体区域的体积为(　　).

A. 7 m³   B. $\left(1+\dfrac{13}{3}\pi\right)$ m³

C. $\left(7+\dfrac{13}{3}\pi\right)$ m³   D. $(7+4\pi)$ m³

E. $\left(7+\dfrac{10}{3}\pi\right)$ m³

解 该立体区域可以看成由四个分开的部分组

成,我们可以算出每一部分的体积如表 1:

表 1

组成部分	体积
1.实心立方体本身	1
2.对它的每一面,有一边长为 1 的立方体,共 6 个	$6(1) = 6$
3.对每条边,有 $\frac{1}{4}$ 个半径及高都是 1 的圆柱体,共有 12 个	$12(\frac{1}{4})\pi \times 1^2 \times 1 = 3\pi$
4.对每个顶点,有 $\frac{1}{8}$ 个半径为 1 的球,共有 8 个	$8(\frac{1}{8})(\frac{4}{3}\pi \times 1^3) = \frac{4}{3}\pi$

于是,该立体区域的总体积等于 $1 + 6 + 3\pi + \frac{4}{3}\pi = 7 + \frac{13}{3}\pi$.   (C)

28. 如图 11 所示,五个圆连接起来. 现在用三种不同的颜色将每个圆涂上一种颜色,且相连接的两个圆不可以涂同一种颜色. 问可以得到多少种不同的颜色模式?(   ).

A. 32 种　　　B. 144 种　　　C. 72 种
D. 36 种　　　E. 48 种

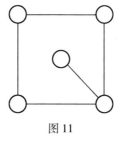

图 11

解 如图 12 所示,给各圆标以字母. P 的颜色有三种选择,于是 Q 和 S 各有两种选择. 此时会出现的两种情况:

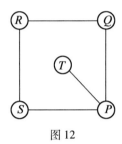

图 12

情况 1 Q 与 S 有相同的颜色. 则全部的选择数为

$$\underbrace{3}_{P} \times \underbrace{2}_{Q} \times \underbrace{1}_{S} \times \underbrace{2}_{R} \times \underbrace{2}_{T} = 24$$

情况 2 Q 与 S 有不同的颜色. 则全部的选择数为

$$\underbrace{3}_{P} \times \underbrace{2 \times 1}_{Q,S} \times \underbrace{1}_{R} \times \underbrace{2}_{T} = 12$$

总选择数为 $24 + 12 = 36$. (D)

29. 2^{222} 的最后两位数字是( ).

A. 84   B. 24   C. 64

D. 04   E. 44

解法 1 在寻找规律时,我们发现

2 的幂次	1	2	3	4	5	6	7	8	9	10	11
末两位数	02	04	08	16	32	64	28	56	12	24	48
2 的幂次	12	13	14	15	16	17	18	19	20	21	22
末两位数	96	92	84	68	36	72	44	88	76	52	04

在一个循环中有 20 个不同的末两位数,循环开始于 04,即 2^2. 现有 $221 \div 20 = 11$ 余 1,所以 2^{222} 与 2^2 最后两位数相同,即为 04. (D)

解法2　我们注意

$$2^{20n+2} - 2^2 = 2^2(2^{20n} - 1)$$
$$= 2^2(2^{20} - 1)(1 + 2^{20} + 2^{40} + \cdots + 2^{20(n-1)})$$

因 $2^{10} = 1\ 024$,2^{20} 的末两位数为 76,则 $(2^{20} - 1)$ 的末两位数为 75,$2^2(2^{20} - 1)$ 以 00 结尾. 这样 $(2^{20n+2} - 2^2)$ 能被 100 除尽,因此 2^{20n+2} 的最后两位数字是 04.

第3章 1987年试题

1. $1 + \dfrac{3}{100} + \dfrac{1}{1\,000}$ 等于( ).

A. 1.31　　B. 0.131　　C. 1.031 1

D. 1.030 1　　E. 1.031

解　$1 + \dfrac{3}{100} + \dfrac{1}{1\,000} = 1 + 0.03 + 0.001 = 1.031.$

(E)

2. 下列数中哪个最小( ).

A. 0.078　　B. 0.09　　C. 0.2

D. 0.089　　E. 0.166 2

解　最小的数是 0.078.　　(A)

3. $10 \div 0.02$ 等于( ).

A. 500　　B. 200　　C. 5

D. 0.2　　E. 0.05

解　$10 \div 0.02 = \dfrac{10.00}{0.02} = \dfrac{1\,000}{2} = 500.$

(A)

4. 从 $2a + 5b$ 中减去 $3a - 4b$,等于( ).

A. $5a + b$　　B. $b - a$　　C. $a - b$

D. $a - 9b$　　E. $9b - a$

解　$2a + 5b - (3a - 4b) = 2a + 5b - 3a + 4b = -a + 9b.$

(E)

5. $\dfrac{1}{2}[1+(-1)^{11}]$ 等于( ).

A. 6　　　　B. 1　　　　C. 0

D. $\dfrac{1}{2}$　　　E. -5

解　(-1) 的奇整数次幂仍是 (-1),于是

$$\dfrac{1}{2}[1+(-1)^{11}]=\dfrac{1}{2}[1-1]=0$$

(C)

6. $2-(1-(2-(1-(2-(1-(2))))))$ 等于( ).

A. -3　　　B. -6　　　C. 3

D. 4　　　　E. 5

解　仔细地从最里边的括弧开始做计算

$$\begin{aligned}
&2-(1-(2-(1-(2-(1-2)))))\\
&=2-(1-(2-(1-(2-(-1)))))\\
&=2-(1-(2-(1-(3))))\\
&=2-(1-(2-(-2)))\\
&=2-(1-4)\\
&=2-(-3)\\
&=5
\end{aligned}$$

(E)

7. 一个行人走路的速度是 5 km/h,10 min 他走了 x km. x 的值是( ).

A. $\dfrac{1}{2}$　　　B. 2　　　　C. 1

D. $\dfrac{6}{5}$　　　E. $\dfrac{5}{6}$

39

解 每小时走 5 km 的速度等于 60 min 走 5 km, 等于 10 min 走 $\frac{5}{6}$ km. (E)

8. 图 1 是一个幻方,这意味着它的每行、每列以及对角线上的数之和是相同的,那么 N 的值为( ).

A. 13　　　B. 10　　　C. 17
D. 9　　　　E. 14

16	N	
11		15
12		

图 1

解 第一列表示出每行、每列及对角线上的数字和必须等于 $16+11+12=39$. 因此中间一行位于中间的元素必等于 $39-11-15=13$. 位于右上角的元素在左下方到右上方的对角线上,必为 $39-12-13=14$.

于是从上面一行可知 $N=39-16-14=9$.

(D)

9. 方程 $\frac{1}{x-5}=0.01$ 的解是( ).

A. -4.99　　B. 5.01　　C. 15
D. 95　　　　E. 105

解 若 $\frac{1}{x-5}=0.01=\frac{1}{100}$,则 $x-5=100$,即 $x=105$. (E)

第 3 章　1987 年试题

10. 一个等边三角形的边长,如图 2 所示. y 的值是( ).

A. 35　　B. 5　　C. 6

D. 9　　E. 3

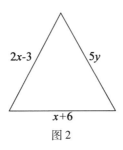

图 2

解 因为 $2x - 3 = x + 6$,所以 $x = 9$. 于是每边长度皆为 15. 因此 $5y = 15$, 故 $y = 3$.　　　　(E)

11. 在有五个数的集合中,前三个数的平均值为 15;后两个数的平均值为 10. 则这五个数的平均值为( ).

A. 5　　B. $8\frac{1}{3}$　　C. $12\frac{1}{2}$

D. 13　　E. 25

解 前三个数加起来是 $15 \times 3 = 45$,后两个数加起来是 $10 \times 2 = 20$. 于是五个数相加得 $45 + 20 = 65$,它们的平均值是 $\frac{1}{5} \times 65 = 13$.　　　(D)

12. 如果将下列选项中的数按大小顺序排列,位于中间的数是( ).

A. $2(2)^7$　　B. $2(2)^6 - 2$　　C. $2 + 2(2)^6$

D. 2^7 E. $\dfrac{2^7}{2}$

解 这些数是 $2^8, 2^7-2, 2^7+2, 2^7$ 和 2^6,按大小排在中间的是 2^7.   (D)

13. 通过一个均匀出水的水龙头向一容器内注水. 容器内水平面高度随注水时间变化的曲线如图 3 所示. 其中 PQ 这段是直线段. 那么对应于此曲线的容器为( ).

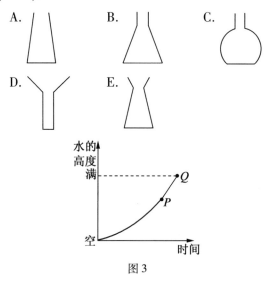

图 3

解 该曲线 P 到 Q 段的斜率是常数,即此时水平面增高的速度是常数. 因此,容器在这一范围内的侧面必是垂直的,这使我们的选择限制在 B 和 C 两种情形. 从原点到 P 这一段曲线的斜率始终在增加,这必定是因为该容器从它的底部到达垂直侧面是逐渐变窄的. 为满足这一形状只有选择 B.   (B)

14. 有一对双胞胎和一组三胞胎,他们五人年龄总和是 150 岁. 如果双胞胎与三胞胎的年龄互换,则年龄总和是 120 岁. 问双胞胎的年龄是多少岁?( ).

A. 12 岁   B. 30 岁   C. 42 岁

D. 24 岁   E. 20 岁

解 设双胞胎的年龄是 x 岁,三胞胎的年龄是 y 岁. 则有 $2x + 3y = 150, 3x + 2y = 120$. 由第一个方程得

$$y = \frac{150 - 2x}{3}$$

将它代入第二个方程得

$$3x + 2\left(\frac{150 - 2x}{3}\right) = 120$$

即 $9x + 300 - 4x = 360$,即 $5x = 60$,故 $x = 12$.

(A)

15. 在连续两个年度中,每年干酪的价格都增长 10%. 在第一年初时干酪价格为每千克 5 元. 到第二年年底时,10 元钱可买多少克干酪(精确到 10 g)? ( ).

A. 1 600 g   B. 2 400 g   C. 1 650 g

D. 1 670 g   E. 1 820 g

解 由于每年的增长率为 10%,经过一年物价的增长就要乘上因子 $\left(1 + \frac{10}{100}\right) = 1.1$. 经过两年物价的增长因子为 $1 \times 1.1^2 = 1.21$. 开始时 1 kg 干酪的价格是 5 元. 在第二年年底 1 kg 干酪的价格为 (5×1.21) 元 $= 6.05$ 元.

这样用 10 元可买 $\dfrac{10}{6.05}$ kg 或 $\dfrac{10\,000}{6.05}$ g.

```
           1652.8
     605)1000000
          605
          ────
          3950
          3630
          ────
           3200
           3025
           ────
            1750
            1210
            ────
             5400
             4840
             ────
              560
```

即 1 650 g(精确到 10 g).   (C)

注 取 $\dfrac{10\,000}{6.05}$ 的近似值 $\dfrac{10\,000}{6} = 1\,666\dfrac{2}{3}$ 是不适当的. 这会导出错误, 即把计算两年通货膨胀的复利法变成简单的相加法, 给出的两年价格的增长仅为 20%.

16. 从高度为 h m 的高处可见到 d km 远处的地平线, 此处的 d 可由近似公式给出: $d = 8\sqrt{\dfrac{h}{5}}$, 新西兰库克(Cook)峰的攀登者可见到西边塔斯曼海(Tasman Sea)中的地平线, 距离为 160 km. 攀登者的高度近似于( ).

A. 1 600 m   B. 2 500 m   C. 4 000 m
D. 1 000 m   E. 2 000 m

解 $160 = 8\sqrt{\dfrac{h}{5}}$, 那么 $20 = \sqrt{\dfrac{h}{5}}$, 即 $\dfrac{h}{5} = 400$,

故 $h = 2\,000$ m. (E)

17. 如图 4,在等腰直角三角形中作一矩形 $PSTU$. 若 $PR = 12$ cm, $PS = x$ cm$(0 \leqslant x < 12)$,则该矩形的面积为( ).

A. $(x^2 - 12x)$ cm^2　　　　B. $6x$ cm^2
C. $(72 - x^2)$ cm^2　　　　D. $2x(6 - x)$ cm^2
E. $(12x - x^2)$ cm^2

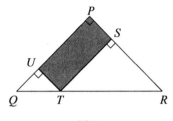

图 4

解　如图 5,因为 $\angle TSR$ 是直角,且 $\angle SRT = 45°$,故 $\triangle STR$ 也是等腰三角形,其中 $ST = SR$. 于是 ST 的长度为 $(12 - x)$ cm,所以矩形 $PSTU$ 的面积等于 $x(12 - x)$ cm^2.

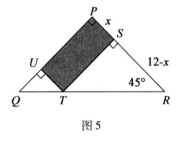

图 5

(E)

18. 校车在开出停车场时除了司机外只有一个小

学生在车上. 然后在其他三个站接小学生上车, 并且没有学生在到达学校前下车. 在第一站它接了若干个小学生上车. 从第二站开始, 每站接上来的小学生是上一站上车学生的两倍. 这样当校车到达学校时, 车上有几个小学生?( ).

A. 27 个   B. 32 个   C. 35 个

D. 43 个   E. 48 个

解 假如司机在第一个车站接上了 x 个小学生, 则到达学校时车上学生的总数为 $1 + x + 2x + 4x$, 即 $1 + 7x$. 此数目是 1 加上 7 的某个倍数. 在所提供的几个选项中只有 43 是这种形式的.   (D)

19. 一张信用卡号码中的 14 个数字写在下面格子里(图 6). 假定任一组相邻的三个数字之和都是 20. 则 x 的值是( ).

A. 3   B. 4   C. 5

D. 7   E. 9

			9				x			7		

图 6

解 如果任意相邻的三个数字之和都是 20, 这些数字必然会每隔 3 位循环地出现. 例如第一个数字必等于第四个数字, 因第一、第二和第三这三个数字加起来是 20, 而第二、第三和第四这三个数字加起来也是 20. 如果以 A, B, C 标记一个循环中的数字, 则这张卡的号码可标记为

A B C A B C A B C A B C A B
          9   x 7

于是 $A=9, C=7$, 而 $B=x=20-9-7=4$.

（ B ）

20. 有两支蜡烛，其长短和粗细都不相同. 长的一支可点 7 h, 短的一支可用 10 h. 点了 4 h 两支蜡烛一样长，则短的蜡烛的长度除以长的蜡烛的长度得（ ）.

A. $\dfrac{7}{10}$　　　B. $\dfrac{3}{5}$　　　C. $\dfrac{4}{7}$

D. $\dfrac{5}{7}$　　　E. $\dfrac{2}{3}$

解 设长蜡烛的长度为 x, 短蜡烛的长度为 y. 4 h 后两只蜡烛的长度分别为 $\dfrac{3x}{7}$ 和 $\dfrac{6y}{10}$. 由此，可得 $\dfrac{3x}{7}=\dfrac{6y}{10}=\dfrac{3y}{5}$, 所以 $\dfrac{y}{x}=\dfrac{5}{7}$.

（ D ）

21. 756 的全部因子的个数（包括 1 和 756）是（ ）.

A. 9　　　B. 6　　　C. 36
D. 18　　　E. 24

（ E ）

注 $756=2^2\times 3^3\times 7$（表 1）.

表 1

每个因子中所含质数的个数	可供选用的因子	因子数
0	1	1
1	2,3,7	3
2	2^2,(2)(3),(2)(7),3^2,(3)(7)	5

续表 1

每个因子中所含质数的个数	可供选用的因子	因子数
3	$(2^2)(3), (2^2)(7), (2)(3^2), (2)(3)(7), 2^3, (3^2)(7)$	6
4	$(2^2)(3^2), (2^2)(3)(7), (2)(3^3), (2)(3^2)(7), (3^3)(7)$	5
5	$(2^2)(3^3), (2^2)(3^2)(7), (2)(3^3)(7)$	3
6	$(2^2)(3^3)(7)$	1
总和		24

22. 两列火车各自匀速行驶. 较慢的一列行驶 4 km 要比较快的一列多用 15 s. 在 15 min 内慢车比快车少走 1 km. 那么快车的速度是(　　).

A. 40 km/h　　B. 44 km/h　　C. 48 km/h

D. 60 km/h　　E. 64 km/h

解 设较快的火车车速为 x km/h, 较慢的车速为 y km/h. 也可分别记为 $\dfrac{x}{60}$ km/min 和 $\dfrac{y}{60}$ km/min. 这样快车用 $\dfrac{60}{x}$ min 行驶 1 km, 用 $4\dfrac{60}{x}$ min 行驶 4 km. 慢车用 $4\dfrac{60}{y}$ min 行驶 4 km. 因此有

$$\frac{240}{x} + \frac{1}{4} = \frac{240}{y} \quad (1)$$

在 15 min 内它们分别走了 $15\dfrac{x}{60}$ km 和 $15\dfrac{y}{60}$ km. 因此

$$\frac{x}{4} = \frac{y}{4} + 1 \quad (2)$$

由(2)得
$$x = y + 4 \text{ 或 } y = x - 4$$
代入(1)得
$$\frac{240}{x} + \frac{1}{4} = \frac{240}{x-4}$$
将每项都乘以 $4x(x-4)$ 得
$$960(x-4) + x(x-4) = 960x$$
即
$$x^2 - 4x - 3\,840 = 0$$
$$(x-64)(x+60) = 0$$
因为 x 必须为正,所以 $x = 64$.   (E)

23. 如图 7,芬兰有一位女士参加一场野外滑雪竞赛. 出发点位于一条南北向的长长的篱笆以西 2 km 处. 终点标志竖立在出发点往北 5 km 再向西 8 km 处. 按规则,她必须在到达终点标志之前触到篱笆一次. 这样她完成比赛的最短距离是( ).

A. $5\sqrt{5}$ km   B. $(10 + \sqrt{29})$ km   C. $(2 + \sqrt{5})$ km

D. $(4 + \sqrt{89})$ km   E. 13 km

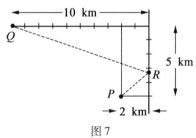

图 7

解 滑雪者的出发点是 P,终点是 Q. 设滑雪者在 R 触到篱笆. 滑雪者的路径用虚线表示.

该问题等价于直线 PR 关于南北向篱笆的反射问题. 最小距离对应于 PQ 是一条直线,因此从 P 到 Q 的距离是 13,理由是 PQ 为一个边长为 (5,12,13) 的 Rt△QSP 的斜边(图8).

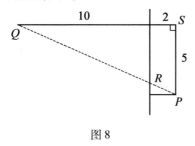

图8

(E)

24. 一个矩形贮水槽的底面为边长等于 5 m 的正方形,贮水高度为 4 m. 现将一个边长为 3 m 的实心立方体放在水槽底部,则水槽贮水高度将达到( ).

A. 5.4 m　　B. 7 m　　C. 5.08 m

D. 6.67 m　　E. 5.02 m

解 贮水槽中水的体积是 $(5\times 5\times 4 = 100)$ m³. 实心立方体的体积为 3^3 m³ $= 27$ m³,设立方体浸入水中之后水的高度是 h m.

于是 $5\times 5\times h = 100+27$,即 $25h = 127$,所以 $h = \dfrac{127}{25} = 5.08$ (m).

(C)

25. 在由 4 位数字组成的正整数中有多少个满足条件:其 4 位数字都不是 0 又互不相同,且它们的和为 12? ( ).

A. 56　　　B. 18　　　C. 256

D. 24　　　　E. 48

解　必有一位数字是 1,否则最小的可能的和是 $2+3+4+5=14$. 第二小的数字必是 2,否则最小的可能的和是 $1+3+4+5=13$. 于是仅有的可能的组合是 $\{1,2,3,6\}$ 和 $\{1,2,4,5\}$. 每组可写出 4! 个,即 24 个数字顺序不同的四位数,共给出 48 个不同的数.

(E)

26. 将 200^{1988} 展开,下列数中与它的位数最近的是(　　).

A. 450　　　　B. 4 000　　　　C. 4 500
D. 6 500　　　E. 40 000

解　10^n 展开需用 $(n+1)$ 位数字. 因此,如果 200^{1988} 可以近似地表示成 10 的幂次的形式,那么问题就解决了. 因为

$$2^{10} = 1\,024 \approx 10^3$$

所以

$$2^{1000} = (2^{10})^{100} \approx (10^3)^{100} = 10^{300}$$

$$2^{1988} = \frac{2^{2000}}{2^{12}} = \frac{(2^{1000})^2}{2^{12}} \approx \frac{10^{600}}{4 \times 10^3} = \frac{10^{597}}{4}$$

$$(200)^{1988} = 2^{1988} \times 100^{1988} \approx \frac{10^{597}}{4} \times 10^{3976}$$

$$= \frac{1}{4} \times 10^{4573}$$

(C)

27. 如图 9,由四条半圆弧做成一图形. 若 $PR = 12, QS = 6$,则所围出的面积为(　　).

A. 81π　　　　B. 36π　　　　C. 18π
D. 9π　　　　E. 54π

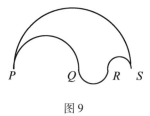

图9

解法 1 令 $QR = x$. 那么,以 PQ 为直径的半圆的面积为 $\dfrac{\pi}{2}\left(\dfrac{12-x}{2}\right)^2$.

以 QR 为直径的半圆的面积为 $\dfrac{\pi}{2}\left(\dfrac{x}{2}\right)^2$;

以 RS 为直径的半圆的面积为 $\dfrac{\pi}{2}\left(\dfrac{6-x}{2}\right)^2$;

以 PS 为直径的半圆的面积为 $\dfrac{\pi}{2}\left(\dfrac{12+6-x}{2}\right)^2$.

于是总面积等于

$$\dfrac{\pi}{8}[(18-x)^2 - (12-x)^2 + x^2 - (6-x)^2]$$

$$= \dfrac{\pi}{8}[324 - 36x + x^2 - 144 + 24x - x^2 + x^2 - 36 + 12x - x^2]$$

$$= \dfrac{\pi}{8}[324 - 144 - 36] = \dfrac{\pi}{8}(144) = 18\pi$$

(C)

解法 2 如图 10,考虑 $QR = 0$ 的极限情形. 此时 $PQ = 12, SR = SQ = 6,$ 且 $PS = 18$. 于是所围出的面积为

$$\dfrac{\pi}{2}\left(\dfrac{18}{2}\right)^2 - \dfrac{\pi}{2}\left(\dfrac{12}{2}\right)^2 - \left(\dfrac{\pi}{2}\right)\left(\dfrac{6}{2}\right)^2$$

第3章　1987年试题

$$= \frac{\pi}{2}[81-36-9] = 18\pi$$

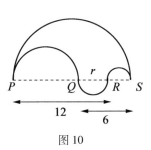

图10

28. $1^3+2^3+3^3+4^3+\cdots+100^3$ 除以7,可得余数是( ).

A. 1　　　　B. 2　　　　C. 3
D. 4　　　　E. 5

解　任一数 x^3 可写为 $(a+7n)^3$,这里 n 是一个整数,且 $a \in \{1,2,\cdots,7\}$. $(a+7n)^3 = a^3 + 3a^2(7n) + 3a(7n)^2 + (7n)^3$. 所以它被7除所得的余数与 a^3 被7除所得的余数相同,现知 $\{1^3,2^3,\cdots,7^3\}$ 的余数为 $\{1,1,6,1,6,6,0\}$. 这些余数相加的和是21,这里等价于余数为0. 于是

$$(1^3+\cdots+7^3),(8^3+\cdots+14^3),(15^3+\cdots+21^3),\cdots$$

中每个加式的余数都是0. 因而

$$1^3+2^3+\cdots+100^3 = (1^3+\cdots+7^3) +$$
$$(8^3+\cdots+14^3) + \cdots +$$
$$(92^3+\cdots+98^3) +$$
$$99^3+100^3$$

的余数为 $0+0+\cdots+0+1+1 = 2$.　　　(B)

29. 如图11,$PQRS$ 是一个矩形,其中 $PQ = 2PS$. T

和 U 分别是 PS 和 PQ 的中点. QT 和 US 交于 V. $QRSV$ 的面积与 $S_{\triangle PQT}$ 的比是( ).

A. $2:1$　　　　B. $8:3$　　　　C. $3:1$

D. $10:3$　　　E. $4:1$

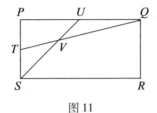

图 11

解法 1　V 是 $\triangle PQS$ 的重心,$\dfrac{VQ}{TQ} = \dfrac{2}{3}$.

因此

$$\dfrac{QRSV \text{ 的面积}}{S_{\triangle PQT}} = \dfrac{S_{\triangle QRS} + S_{\triangle SVQ}}{S_{\triangle PQT}}$$

$$= \dfrac{2}{1} + \dfrac{S_{\triangle SVQ}}{S_{\triangle STQ}} = 2\dfrac{2}{3} \quad (\text{ B })$$

解法 2　这个问题可用几何坐标的方法来解. 不失普遍性,假设 $S = (0,0)$,$P = (0,1)$,$R = (2,0)$,等等. 那么,SU 是直线 $y = x$ 上的一部分,QT 是直线 $y = \dfrac{1}{2} + \dfrac{1}{4}x$ 上的一部分. 于是在点 V,$x = \dfrac{1}{2} + \dfrac{1}{4}x$,即 $\dfrac{3}{4}x = \dfrac{1}{2}$,亦即 $x = \dfrac{2}{3}$. 因此,$QRSV$ 的面积 $= QRST$ 的面积 $- S_{\triangle TSV}$,等于

$$\dfrac{3}{4} \times 2 - \dfrac{1}{2} \times \dfrac{1}{2} \times \dfrac{2}{3} = \dfrac{3}{2} - \dfrac{1}{6} = \dfrac{4}{3}$$

由于 $S_{\triangle PQT} = \dfrac{1}{2}$,故

$$\frac{QRSV \text{ 的面积}}{S_{\triangle PQT}} = \frac{\frac{4}{3}}{\frac{1}{2}} = \frac{8}{3}$$

30. 由一排开关控制着一部时间机器,开关从左到右编号为 1 到 10. 在按下起始按钮前,每个开关必定置于 0 或 1. 第 n 个开关置于 1 时的作用是:当 n 为奇数时,使时间旅行者超前 2^{n-1} 年,当 n 为偶数时,使旅行者倒退 2^{n-1} 年. 当开关置于 0 时它不起作用. 当几个开关同时置于 1 时的联合作用是它们各自作用的和. 这组开关如何设置能使时间旅行者倒退 200 年,即回到 1787 年,那是第一舰队启航的年份( ).

A. 001001011 B. 0001001000
C. 0010001100 D. 0001100010
E. 0010001011

解 首先我们注意
$$-200 = -128 - 64 - 8 = -2^7 - 2^6 - 2^3$$
但偶次方幂的系数必为 $+1$,而不是 -1. 这样利用 $2^6 = 2^7 - 2^6$ 可得
$$-200 = -2^7 - (2^7 - 2^6) - 2^3 = -2 \times 2^7 + 2^6 - 2^3$$
$$= -2^8 + 2^6 - 2^3$$
类似地,利用 $2^8 = 2^9 - 2^8$ 我们得到
$$-200 = -(2^9 - 2^8) + 2^6 - 2^3$$
$$= -2^9 + 2^8 + 2^6 - 2^3$$
$$= -2^{10-1} + 2^{9-1} + 2^{7-1} - 2^{4-1}$$

所以开关 4,7,9,10 必须置于 1. (A)

注 我们也可将上面给出的 -200 的展开式考虑

为以(-2)为底的一种表示,即由于
$$-200 = -2^9 + 2^8 + 2^6 - 2^3$$
则$(-200)_{(-2)} = 1101001000$。

时间机器开关的设置可按这个式子来定,只要将顺序倒过来,即 0001001011。

第4章 1988年试题

1. $\dfrac{0.3}{5}$ 的值是( ).

A. 0.6　　B. 0.15　　C. 0.02

D. 0.05　　E. 0.06

解 $\dfrac{0.3}{5} = \dfrac{3}{50} = \dfrac{6}{100} = 0.06.$ 　　(E)

2. 如果 $a = 6, b = -3$,则 $a^2 - b^2$ 的值为( ).

A. 6　　B. 18　　C. 27

D. 45　　E. 9

解 $a^2 - b^2 = 6^2 - (-3)^2 = 36 - 9 = 27.$

(C)

3. 在图1中,x 等于( ).

A. 100　　B. 120　　C. 160

D. 140　　E. 130

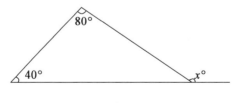

图1

解 三角形一外角的值等于与它不相邻的两内角之和.因此 $x = 80 + 40 = 120.$ 　　(B)

澳大利亚中学数学竞赛试题及解答(中级卷)1985—1991

4. $\dfrac{\dfrac{1}{2}+\dfrac{1}{4}}{1-\dfrac{1}{4}\times\dfrac{1}{2}}$ 的值是( ).

A. $\dfrac{8}{15}$ B. $\dfrac{6}{7}$ C. $\dfrac{15}{8}$

D. $\dfrac{7}{6}$ E. $\dfrac{2}{3}$

解 $\dfrac{\dfrac{1}{2}+\dfrac{1}{4}}{1-\dfrac{1}{4}\times\dfrac{1}{2}}=\dfrac{\dfrac{3}{4}}{1-\dfrac{1}{8}}=\dfrac{\dfrac{3}{4}}{\dfrac{7}{8}}=\dfrac{3}{4}\times\dfrac{8}{7}=\dfrac{6}{7}.$

(B)

5. 某数的 $\dfrac{2}{3}$ 为36,该数是( ).

A. 54 B. 24 C. 45

D. 12 E. 57

解 设该数为 x,则有 $\dfrac{2x}{3}=36$,于是 $x=36\times\dfrac{3}{2}=18\times3=54.$

(A)

6. 若 $\dfrac{3}{2-\dfrac{x}{2}}=2$,则 x 等于( ).

A. 3 B. 1 C. -1

D. -2 E. $\dfrac{1}{2}$

解 我们有 $\dfrac{3}{2-\dfrac{x}{2}}=2$,于是 $3=2(2-\dfrac{x}{2})$,即

$3 = 4 - x$, 故 $x = 1$. （B）

7. 在图 2 中, x 等于( ).

A. 25　　　B. 30　　　C. 35

D. 40　　　E. 45

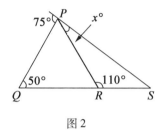

图 2

解　如图 3 所示,对图中的角做上标记. 在点 R, 我们有 $z + 110 = 180$, 故 $z = 70$. 由 $\triangle PQR$ 可知 $y + 50 + 70 = 180$, 因此 $y = 60$. 最后, 在点 P 处我们知道 $75 + 60 + x = 180$, 故 $x = 45$.

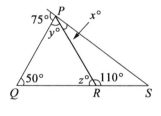

图 3

（E）

8. 奥克兰（Auckland）（新西兰）时间比珀斯（Perth）（澳大利亚西）时间快 4 h. 有一架飞机上午 10 时（当地时间）离开奥克兰,并于同日下午 1 点（当地时间）到达珀斯. 这次飞行实际用了几个小时?

( ).

    A．5 h   B．6 h   C．2 h

    D．7 h   E．3 h

解 如果飞机在上午10点（当地时间）离开奥克兰，那么按珀斯时间是上午6点从奥克兰起飞的．如果飞机在下午1点（当地时间）到达珀斯，则飞行时间为7 h．   （D）

9． 我们可以定义"微型世纪"为一个世纪的1%，则它近似等于( )．

    A．5 s   B．50 s   C．5 min

    D．50 min   E．5 min

解 一个世纪有$(100 \times 365 \times 24 \times 60)$ min．一个"微型世纪"中的分钟数近似为

$$\frac{100 \times 365 \times 24 \times 60}{1\,000\,000} \approx \frac{365 \times 144}{1\,000} \approx \frac{50\,000}{1\,000}$$

所以我们的答案是近似于50 min．   （D）

10． 瓶子里装了20片相同的药片，药片连同瓶子总质量为180 g，当该瓶装有15片药时，它的质量为165 g，那么瓶子的质量为( )．

    A．103 g   B．115 g   C．120 g

    D．125 g   E．146 g

解 5片药的质量应为$(180-165)$ g，即15 g．20片药应该重(15×4) g，即60 g．所以瓶子重$(180-60)$ g，即120 g．   （C）

11． 两个同样的罐子都装有水与醋的混合液，比例分别为2∶1和3∶1．如果将这两罐溶液全倒入另一个容器

中,所得的混合液中水与醋之比为( ).

    A.5∶1   B.12∶5   C.17∶7

    D.6∶5   E.5∶2

解 设每个罐子的体积是 12 立方单位. 则其中一个罐子含的醋有 4 个立方单位,另一个有 3 个立方单位(水分别是 8 和 9 个立方单位). 全部水和醋的比是 $(8+9):(4+3)$,即 17∶7.   (C)

12. 如图 4,给定圆心为 O 的圆. PQ 是圆上一弦, R 是大弧上一点. 若 $\angle OPR = 5°, \angle OQP = 40°$,那么 x 的值是( ).

    A.30   B.35   C.40

    D.45   E.50

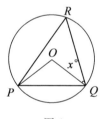

图 4

解 如图 5,作直线 OR,则 $\triangle OPQ, \triangle OQR$ 和 $\triangle ORP$ 都是等腰三角形;所以 $\angle OPQ = 40°, \angle ORQ = x°$ 且 $\angle ORP = 5°$. 由于 $\triangle PQR$ 的三内角和必为 $180°$,我们有 $2(40+5+x) = 180$,即 $x = 45$.

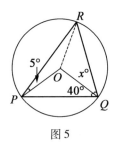

图 5

(D)

13. 在一个家庭的孩子们中,每个男孩子的姐妹数和兄弟数都是相同的,而每个女孩子的姐妹数是兄弟数的一半.那么,这个家庭的孩子数是( ).

A.7　　　　B.5　　　　C.6
D.4　　　　E.9

解 设男孩子的数目为 x,女孩子的数目为 y. 于是有

$$x - 1 = y \qquad (1)$$

和

$$\frac{x}{2} = y - 1 \qquad (2)$$

将(1)代入(2)得出 $\frac{x}{2} = x - 1 - 1$,即 $x = 2x - 4$,得 $x = 4$,再从(1)得 $y = 3$. 故 $x + y = 7$. 　　(A)

14. 如图6,一些角已标明了度数. x 的值应为( ).

A.6　　　　B.8　　　　C.10
D.12　　　　E.15

第4章 1988年试题

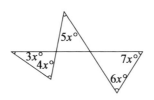

图6

解 如图7所示,将图形标上字母. 在△PQR中, ∠QPR = ∠UPV = 180° − (3x + 4x)° 且 ∠QRP = ∠XRY = 180° − (6x + 7x)°. 因此 ∠QPR + ∠QRP + ∠PQR = 180° − 7x° + 180° − 13x° + 5x° = 180°. 由此可得 15x° = 180°, 故 x = 12.

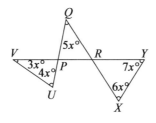

图7

(D)

15. 化简 $3x - 4y - (4x - 7y)$ 应得到( ).

A. $x - 11y$ B. $3y - x$ C. $3x - y$

D. $-x - 3y$ E. $-x - 11y$

解 $3x - 4y - (4x - 7y) = 3x - 4y - 4x + 7y = 3y - x$.

(B)

16. 一个中空的立方体被切去一个角,出现了一个三角形的洞.各边的尺寸如图8所示.原立方体所剩下

63

的外表面的面积是(　　).

A. $14\frac{1}{2}$ m² 　　B. $30\frac{1}{2}$ m² 　　C. 21 m²

D. $22\frac{1}{2}$ m² 　　E. $(24-\frac{1}{2}(\sqrt{6}))$ m²

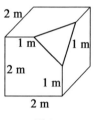

图8

解　此时有三个保持完整的面,每个面的面积为 $2^2 = 4$ m²,三者的总和为 12 m². 其余的三个面,每个面被切去了原面积的 $\frac{1}{8}$ (图9). 故所求总面积是 $12 + 3(\frac{7}{8} \times 4)$,即 $12 + 10\frac{1}{2}$,或 $22\frac{1}{2}$.

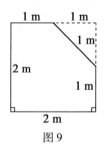

图9

(D)

17. 有一张矩形的纸,沿四边各裁去宽为 1 cm 的边界区之后,得到一个面积为原矩形一半的新矩形. 若原

第4章 1988年试题

矩形的周长是28 cm,那么原矩形的面积等于( ).

A. 26 cm²   B. 40 cm²   C. 48 cm²

D. 45 cm²   E. 60 cm²

解 设原矩形的两边分别为 x, y,于是 $(\frac{x-2}{x}) \cdot (\frac{y-2}{y}) = \frac{1}{2}$,即 $xy - 2(x+y) + 4 = \frac{1}{2}xy$,亦即 $\frac{1}{2}xy - 2(x+y) + 4 = 0$.若原矩形面积等于 A,周长等于 P,那么 $\frac{A}{2} - P + 4 = 0$.若 $P = 28$,则 $\frac{A}{2} = 28 - 4 = 24$,即 $A = 48$.   (C)

18. P, Q, R, S 是直线上依次间隔 1 m 的四个点,从 P 到 S,至少跟 Q 和 R 保持 1 m 距离的最短路径的长度是( ).

A. $(1 + \pi)$ m   B. $\left(\frac{4}{3}\pi\right)$ m   C. 5 m

D. $(1 + 2\pi)$ m   E. $(1 + 2\sqrt{2})$ m

解 如图10,最短距离等于 1 m 加半径为 1 m 的圆的周长的一半,即 $\left(1 + \frac{1}{2}(2\pi \times 1)\right)$ m,或 $(1 + \pi)$ m.

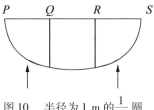

图10   半径为 1 m 的 $\frac{1}{4}$ 圆

(A)

19. 如图 11,梯形 PQRS 的对角线形成了若干个 30°的角. 梯形底边长度为 10. 梯形的周长等于 ( ).

A. 15　　　　B. $10\sqrt{3}$　　　　C. 25

D. $15\sqrt{3}$　　E. 30

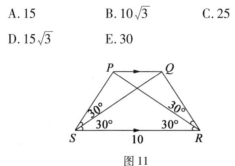

图 11

解法 1　各种作图法可以使求解变得容易,且不需要应用 90—60—30 三角形的三角学知识. 例如,如图 12 延长 SP 和 RQ 两条边,延长线交于 T,可以看出△TSR 是等边三角形,RP 平分∠TRS,因此 P 是 TS 的中点. 类似地,Q 是 TR 的中点. 由于△TPQ 本身是等边三角形,由此可知 TP = TQ = PQ = PS = QR = 5. 于是梯形的周长为 10 + 5 + 5 + 5 = 25.

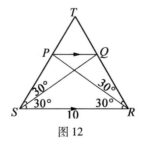

图 12

(C)

第4章 1988年试题

解法2 在 $\triangle PRS$ 中,$\angle PRS = 30°$ 且 $\angle RSP = 60°$. 于是 $\angle SPR = 90°$. 因为 $\sin 30° = \dfrac{1}{2}$,故 PS 的长度是5. 类似地,由 $\triangle QRS$ 知 QR 的长度是5. 最后,因 $PQ \parallel SR$,故 $\angle PQS = \angle QSR = 30°$,所以 $\triangle PQS$ 是等腰三角形,由此可知 $PQ = PS = 5$. 那么梯形的周长为 $5 + 5 + 5 + 10 = 25$.

20. 如图13所示的是一张城市的道路平面图. 除了一条短对角线外,道路全是东西向或南北向的. 由于一条路在修补而不可能从点 X 通过. 从 P 到 Q 的所有可能走的路线中,有些路线是最短的. 问这样的最短的路线有几条?(　　).

A. 4条 　　　　B. 7条 　　　　C. 9条
D. 14条 　　　E. 16条

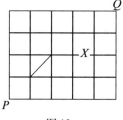

图13

解 如图14所示,我们标出点 R, S, T, U. 所有的最短路线必通过 R 和 S. 然后从 T 或 U 经过. 这种路线的总数是:(从 P 到 R 的路线数)×(从 R 到 S 的路线数)×{(从 S 到 R 的路线数)+(从 S 经 T 到达 Q 的路线数)} $= 2 \times 1 \times \{1 +$ (从 S 到 T 的路线数)×(从 T

到 Q 的路线数)} = $2 \times 1 \times [1 + (2 \times 3)] = 14$.

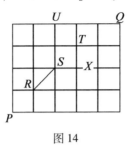

图 14

(D)

21. 这是一座建筑物的平面图,其中的庭院有两处安装着大门的出入口.过路者可以在门外观看但不能进入庭院. 图 15 中标明了该建筑物的尺寸,所有的壁角都是直角. 试问庭院中过路者看不到的部分的面积是( ).

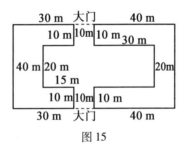

图 15

A. 250 m^2 B. 200 m^2 C. 300 m^2

D. 400 m^2 E. 325 m^2

解 已知入口处通道是正方形的 $10 \text{ m} \times 10 \text{ m}$,过路者能观察的最大对角线角度为 $45°$,所以他们能看到的区域是图 16 中没画阴影的部分.

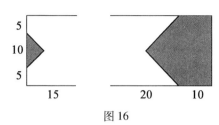

图 16

由此可见,所余部分的面积为 $25 + 300 = 325(m^2)$. （E）

22. 如图 17 所示,图形由九个正方形组成,正方形的每条边长为 1 个单位. 过 X 可作一直线将整个图形分成面积相等的两部分. 若 $PQ = QR = RS = ST = \dfrac{1}{4}$,那么所作直线也经过( ).

A. P 　　　　B. Q 　　　　C. R
D. S 　　　　E. T

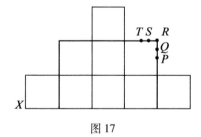

图 17

解 如图 18,XR 下方的面积等于 5 平方单位,因为它由最右端的正方形和面积为 4 平方单位的 $\triangle XYR$ 组成. 为了把面积变为 $4\dfrac{1}{2}$ 平方单位,我们必须减去一

个面积为 $\frac{1}{2}$ 平方单位的三角形.

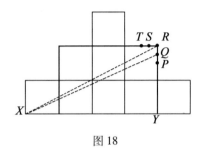

图 18

因为 △RQX 的底 $RQ = \frac{1}{4}$ 而高 $XY = 4$,其面积等于 $\frac{1}{2}$ 平方单位.所以 XQ 即为所求的直线.　　　　(B)

23. 一台计算机被编程用于搜索计数用的数所含的数字个数.例如,当它搜索了

　　1　2　3　4　5　6　7　8　9　10　11　12

后,那它已搜索到了 15 个数字.当计算机开始这一任务并搜索到前 1 788 个数字,那么它搜索的最后一个计数用的数是(　　).

A. 533　　　　B. 632　　　　C. 645

D. 1 599　　　E. 1 689

解　我们可按表 1 计算数字的个数:

表 1

整数	数字个数	全部数字个数	搜索到的数字个数
1 - 9	1	9	9
10 - 99	2	90 × 2 = 180	189

于是搜索到 99 这个数时,所余的数字个数为 1 788 -

189 = 1 599. 因 1 599 = 3 × 533,所以计算机已搜索到的整数为 99 + 533,即 632. (B)

24. 作为晚间体育活动,我绕着街区走一圈,我妹妹沿着同一方向跑几圈. 我们同时出家门也同时进家门. 在这中间,我妹妹超过我两次. 如果她沿着相反方向绕着街区跑,而且我们两人都保持原来的速度. 她会从我身旁跑过( ).

A. 1 次   B. 2 次   C. 3 次
D. 4 次   E. 5 次

解 因为我妹妹超过我两次,她超过我时一定是在这个圈的 $\frac{1}{3}$ 处和 $\frac{2}{3}$ 处. 每次我走 $\frac{1}{3}$ 圈时,我妹妹必跑了 $1 + \frac{1}{3} = \frac{4}{3}$ 圈. 她跑的速度是我的4倍. 当她从相反方向跑时,和我相遇时她跑过的距离是我走过距离的4倍. 所以我只走了 $\frac{1}{5}$ 圈. 她必定会在我走到 $\frac{2}{5}, \frac{3}{5}, \frac{4}{5}$ 圈时再从我身边跑过. 所以她共从我身旁跑过4次.

(D)

25. 如图19,有两个正方形,一个位于另一个之上,它们的中心相重合,但上面的正方形相对于下面的正方形旋转了45°. 若每个正方形的大小都是 1 m × 1 m,问下面的正方形能被看到的部分(图中画有阴影的部分)的面积是多少( ).

A. $\dfrac{2}{9}$ m² B. $\dfrac{4}{9}$ m² C. $(3-2\sqrt{2})$ m²

D. $\dfrac{1}{3}$ m² E. $(6-4\sqrt{2})$ m²

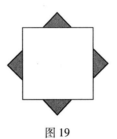

图 19

解 根据图形的对称性,我们所寻找的答案应是 △PQS 的面积的四倍(图20). 注意 PR(正方形的中心到它的一个角的距离)的长为 $\dfrac{\sqrt{2}}{2}$ m, 而 TR 的长度为 $\dfrac{1}{2}$ m (边长的 $\dfrac{1}{2}$). 因为 ∠TPS 等于 45°, 故 TS 的长等于 PT 的长, 即它的长为 $\dfrac{\sqrt{2}}{2}-\dfrac{1}{2}$ 或 $\dfrac{\sqrt{2}-1}{2}$. 于是, $S_{\triangle PQS}$ 为

$$\left(\dfrac{1}{2}(\sqrt{2}-1)\right)^2 = \dfrac{1}{4}(2+1-2\sqrt{2}) = \dfrac{1}{4}(3-2\sqrt{2})$$

这个面积的四倍为 $(3-2\sqrt{2})$ m².

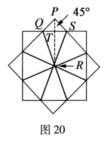

图 20   (C)

第4章 1988年试题

26. 如图21,是一件玻璃吹制艺术的杰作:一个完美的玻璃球面,球内有一个立方体,其顶点恰在包住它的球面上.立方体内有一个较小的球,它恰好跟立方体的六个面相切.试问中间小球的体积对外面大球的体积之比是( ).

A. $1:2\sqrt{2}$　　B. $1:3\sqrt{3}$　　C. $1:2$

D. $1:3$　　E. $1:\pi$

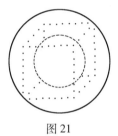

图21

解 设立方体的边长为两个单位长(即边长的一半为1单位).于是较小的球的半径为1单位,较大的球的半径等于该立方体的中心到它的一个角的距离.

根据毕达哥拉斯定理,这段距离为 $\sqrt{3}$ 单位(图22).于是,较小的球的体积对较大的球的体积之比为 $\dfrac{4}{3}\pi 1^3 : \dfrac{4}{3}\pi(\sqrt{3})^3$,即 $1:3\sqrt{3}$.

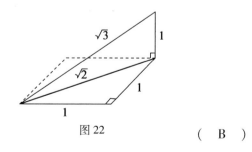

图22

(B)

73

27. 设 $n = 9 + 99 + 999 + \cdots + \underbrace{99\cdots 9}$,其中最后一个数由 999 个 9 组成,在 n 的各位数字中 1 出现了多少次( ).

A. 996　　　　B. 998　　　　C. 999
D. 1 000　　　E. 1 001

解　注意
$$n = 9 + 99 + 999 + \cdots + 99\cdots 9$$
$$= (10 - 1) + (10^2 - 1) + (10^3 - 1) + \cdots + (10^{999} - 1)$$
$$= (10^{999} + \cdots + 10^3 + 10^2 + 10) - 999$$
$$= 11\cdots 10 - 999$$

式子中的 $11\cdots 10$ 包含有 1 000 位数字,其中前面的 999 个数字为 1,于是
$$n = 11\cdots 10\ 000 + (1\ 110 - 999)$$
$$= 11\cdots 10\ 000 + 111$$
$$= 11\cdots 10\ 111$$

其中 $11\cdots 10\ 111$ 的结构为前面有 996 个 1,接着是一个 0,后面有 3 个 1. 因此全部 1 的数目为 $996 + 3 = 999$.

(C)

28. 矩形 $PQRS$ 按图 23 所示的方式分成 9 个大小都不相同的正方形(注意这是示意图,未按比例画出). 所有正方形的边长都等于单位长的整数倍,其中最小的是个 2×2 的正方形. 问次小的正方形的边长等于多少单位( ).

A. 3　　　　B. 4　　　　C. 5
D. 6　　　　E. 7

第4章 1988年试题

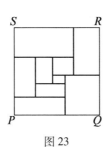

图 23

解 最小的和次小的正方形很容易确认. 设 x 是次小正方形的边长. 从这两个正方形出发可以陆续求出其他正方形的边长. 如图 24 所示, 一个合乎逻辑的边长的序列是 $x+2, x+4, 2x+6, 3x+10, 4x+16, 4x+8, 5x+8$.

那么, 由于 $PQ = RS$, 可知

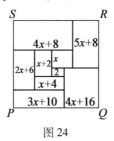

图 24

$$(3x+10) + (4x+16) = (4x+8) + (5x+8)$$

由此推出 $x = 5$. （C）

注 有兴趣的读者可以参考马丁·加德纳 (Martin Gardner) 的第二本《数学游戏与难题》(原载于《科学美国人》杂志), 从中可以了解到更多有关"化长方为正方"的信息.

第5章 1989年试题

1. $\dfrac{3}{7} \times \dfrac{14}{15}$ 等于( ).

A. $\dfrac{1}{5}$ B. $\dfrac{2}{3}$ C. $\dfrac{7}{5}$

D. $\dfrac{3}{7}$ E. $\dfrac{2}{5}$

解 $\dfrac{3}{7} \times \dfrac{14}{15} = \dfrac{2}{5}$.   (E)

2. $(5x + 2y) - (2x - 5y)$ 等于( ).

A. $3x + 3y$ B. $3x - 3y$ C. $3x - 7y$

D. $2x + 3y$ E. $3x + 7y$

解 $(5x + 2y) - (2x - 5y) = 5x + 2y - 2x + 5y = 3x + 7y$.   (E)

3. 在图1中, PQ 平行于 RS. x 的值是( ).

A. 144   B. 128   C. 72

D. 118   E. 108

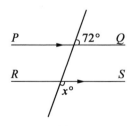

图1

解 $x = 180 - 72 = 108.$ (E)

4. 若用 $\frac{1}{5}$ 除 40,然后再加 12,则得到(   ).

A. 20   B. 212   C. $\frac{52}{5}$

D. 100   E. 96

解 $40 \div \frac{1}{5} + 12 = 40 \times 5 + 12 = 200 + 12 = 212.$

(B)

5. $\frac{1}{\sqrt{2+x^2}}$ 当 $x = \frac{1}{2}$ 时的值是(   ).

A. $\frac{9}{4}$ B. $\frac{4}{9}$ C. $\frac{2}{9}$

D. $\frac{2}{3}$ E. $\frac{3}{2}$

解 设 $x = \frac{1}{2}$,则 $\frac{1}{\sqrt{2+x^2}} = \frac{1}{\sqrt{2+\frac{1}{4}}} = \frac{1}{\sqrt{\frac{9}{4}}} = \frac{1}{\frac{3}{2}} = \frac{2}{3}.$ (D)

6. $1 - 2 + 3 - 4 + 5 - 6 + \cdots - 998 + 999 - 1\,000 + 1\,001$ 的值是(   ).

A. 500   B. 501   C. -501

D. -1 001   E. 1 000

解 表达式可重新排列为

$(1-2) + (3-4) + \cdots + (999-1\,000) + 1\,001$

$= -1 - 1 - \cdots - 1(500) + 1\,001$

$$= -500 + 1001$$
$$= 501 \qquad\qquad\qquad (\text{B})$$

7. 一个运动员用 8.4 s 跑了 70 m. 如果她保持同样的平均速度跑完 100 m,所需要的时间是( ).

A. 14.28　　B. 12.0　　C. 11.8

D. 11.4　　E. 13.2

解　她所需时间是 $8.4 \times \dfrac{100}{70} = \dfrac{84}{7} = 12.0(\text{s})$.

(B)

8. 如图 2,四边形的各角分别是 $x°,(x+10)°,(x+20)°$ 和 $(x+30)°$,其中最大的角等于( ).

A. 75°　　B. 85°　　C. 95°

D. 105°　　E. 115°

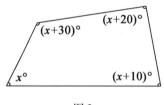

图 2

解　我们有

$$x + (x+10) + (x+20) + (x+30) = 4x + 60 = 360$$

于是 $4x = 300$, 即 $x = 75$. 因此 $x + 30 = 105$.

(D)

9. 某种笔的制造商宣称,这种笔所含的墨水能画出 1 km 长的线. 如果所画的线的宽度是 0.4 mm,那么这种笔能画出的笔迹所覆盖的面积是( ).

A. 4 000 m²   B. 400 m²   C. 40 m²

D. 4 m²   E. 0.4 m²

解 所覆盖的面积是 $1\,000 \times 0.000\,4 = 0.4$.

                                        (E)

10. 一次数学测验包含10道题. 每做对一题给10分, 而做错一题则扣3分. 沃尔夫岗(Wolfgang) 做了全部题目得到61分. 他做对的题目有几个?(　).

A. 7 个   B. 5 个   C. 9 个

D. 8 个   E. 6 个

解 设他做出的正确答案的数目为 x, 则 $10x - 3(10-x) = 61$, 即 $10x - 30 + 3x = 61$, 亦即 $13x = 91$, 故 $x = 7$.   (A)

11. $\dfrac{1}{a} + \dfrac{1}{b} + \dfrac{1}{c}$ 等于(　).

A. $\dfrac{3}{a+b+c}$ B. $\dfrac{a+b+c}{abc}$ C. $\dfrac{3(a+b+c)}{abc}$

D. $\dfrac{ab+ac+bc}{abc}$ E. $\dfrac{3}{abc}$

解 在公分母下通分得 $\dfrac{1}{a} + \dfrac{1}{b} + \dfrac{1}{c} = \dfrac{bc+ac+ab}{abc}$.   (D)

12. 1987年悉尼(Sydney)港大桥的摩托车通行费由5分增长到1元, 该费用增长的百分数是(　).

A. 95   B. 20   C. 100

D. 1 900   E. 2 000

解 增加了95分, 增长的百分数为 $\dfrac{95}{5} \times 100 =$

$19 \times 100 = 1\,900.$ (D)

13. 如图3所示的物体由相邻面粘在一起的六个木制立方体组成,各立方体的每边长皆为1 cm.该物体总的表面积等于( ).

A. 32 cm²   B. 26 cm²   C. 31 cm²

D. 36 cm²   E. 18 cm²

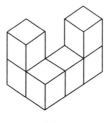

图3

解 每个暴露的正方形面的面积为1 cm². 有四个立方体各有4个暴露的面,而上面两个立方体各有5个面暴露在外. 所以暴露在外的面的总数(亦即物体总的表面积)是 $4 \times 4 + 2 \times 5 = 16 + 10 = 26.$

(B)

14. 超级市场展示某种盒装肥皂,将它摆成10层呈金字塔状. 第一层是长方形的,它的长和宽都比下面少一盒. 若最顶上一层是由六个盒子排成一行组成,问总共摆了多少盒肥皂?( ).

A. 466盒   B. 420盒   C. 480盒

D. 660盒   E. 720盒

解 盒的数目为 $(6 \times 1) + (7 \times 2) + (8 \times 3) + \cdots + (15 \times 10) = 660.$

(D)

15. 苏西(Susie)问她的脾气古怪的祖父,"您多大年纪了?"总是只说真话的祖父答道,"瞧这个坚硬的立方体!你用5乘它的边数,加上面数的4倍,再减去顶点数的两倍,你就知道我的岁数了."祖父的年龄是( ).

    A.48 岁   B.56 岁   C.60 岁

    D.64 岁   E.68 岁

解 一个立方体的边数是12,用5乘后得60. 面数是6,其4倍是24,加上60后得84,顶点数是8,它的两倍是16. 84 减去16 得68.   (E)

16. 有一组上舞蹈课的学生间隔相等地站成一个圆圈,然后从1开始依次报数. 第20位的学生正对着第53位的学生. 这样学生的总数是( ).

    A.60 人   B.62 人   C.64 人

    D.66 人   E.68 人

解 注意,这群学生的数目必须是偶数,否则间隔相等站立的学生不可能直接相对. 第20名至53名学生之间共有32名学生(图4). 所以这群学生的总数将是 $2 \times 32 + 2 = 66$.

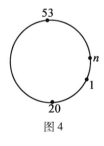

图4

    (D)

17. 阿摩司(Amos)的一只山羊用绳拴在一矩形小屋的墙角处(图5).小屋长 9 m、宽 7 m,绳长 10 m.小屋周围都是草地,山羊能吃到草的草地面积为(　　).

A. $\dfrac{155\pi}{2}$ m^2　　B. $\dfrac{229\pi}{4}$ m^2　　C. 75π m^2

D. $(160+\dfrac{5\pi}{2})$ m^2　　E. $\dfrac{309\pi}{4}$ m^2

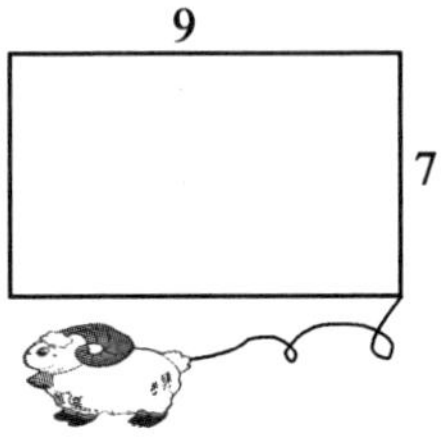

图 5

解 如图6,令阿摩司(Amos)把他的绳拉直,那么绳子扫过的面积为

$$\dfrac{3}{4}\pi(10)^2+\dfrac{1}{4}\pi(1)^2+\dfrac{1}{4}\pi(3)^2$$
$$=\dfrac{1}{4}\pi(3(10)^2+1^2+3^2)$$
$$=\dfrac{310}{4}\pi=\dfrac{155}{2}\pi.$$

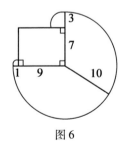

图 6　　　　　　(A)

18. S 是由 1 到 100 的数中其最小质因子为 7 的数组成的集合. 问 S 中有多少个数?(   ).

A. 14 个　　　B. 7 个　　　C. 4 个

D. 3 个　　　E. 5 个

解 这些数是 $7, 7 \times 7, 7 \times 11, 7 \times 13$. 即一共有 7, 49, 77 和 91 这 4 个数. 　　　　　　(C)

19. 在图 7 中,三角形的边长分别为 8 cm, 9 cm 和 13 cm. 三个圆的圆心是三角形的三个顶点,且三个圆相切. 最大圆的半径为(   ).

A. 6 cm　　　B. 6.5 cm　　　C. 7 cm

D. 7.5 cm　　　E. 8 cm

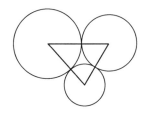

图 7

解 令三个圆的半径分别为 x, y 和 z,其中 z 是所求的最大圆的半径(图 8). 那么

$$x + y = 8 \tag{1}$$

$$x + z = 9 \tag{2}$$

且

$$y + z = 13 \tag{3}$$

由 (2) - (1) 可得

$$z - y = 1 \tag{4}$$

由(3) + (4)可得 $2z = 14$,即 $z = 7$.

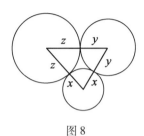

图 8

(C)

20. 选取四个数 a,b,c,d 使得 abc 的立方根是 4,且 $abcd$ 的四次方根是 $2\sqrt{10}$,故 d 的值是( ).

A. 25　　　　B. 100　　　　C. 2 500

D. 320　　　　E. 5

解 由已知得 $abc = 64$ 和 $abcd = 1\,600$,故 $d = \dfrac{1\,600}{64} = 25$.

(A)

21. 在 1 到 1 000 的这些数中,有多少个这样的数:它们或是能被 5 整除,或是能被 9 整除,但是不能同时被 5 和 9 整除( ).

A. 311　　　　B. 289　　　　C. 267

D. 200　　　　E. 100

解 这里有 200 个数能被 5 整除,即 5,10,…,1 000. 类似地,有 111 个数能被 9 整除,即 9,18,…,999. 但有 22 个数能够同时被 5 和 9 整除,即能被 45 整除,它们是 45,90,…,990. 但这些数同时出现在前两个集合,而它们本不应被计算在内. 所以答案应为

$200 + 111 - 2 \times 22 = 267.$ (C)

22. 如图 9 所示,正方形的两个顶点位于圆上,另两个顶点位于圆的一条切线上. 该正方形的面积对此圆的面积的比为(   ).

A. $5\pi : 8$ B. $64 : 25\pi$ C. $8 : 5\pi$

D. $5 : 3\pi$ E. $25 : 9\pi$

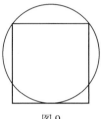

图 9

解 如图 10,令 O 为该圆的圆心,点 P, Q, R 分别为圆与正方形相触的点,S 是 PQ 的中点. 直线 OP, OQ, OR 和 OS(后者是 RO 的延长). 同时,令 x 为正方形的边长,r 为圆的半径. 若考虑直角 $\triangle OSQ$,可知 OS 的长度为 $x - r$,于是根据毕达哥拉斯定理

$$r^2 = \frac{1}{4}x^2 + (x-r)^2 = \frac{5}{4}x^2 - 2xr + r^2$$

即

$$\frac{5}{4}x^2 - 2xr = 0$$

即

$$x\left(x - \frac{8}{5}r\right) = 0$$

由此得 $x = \dfrac{8}{5}r$. 于是所求的比为 $\dfrac{x^2}{\pi r^2} =$
$\dfrac{(\dfrac{8}{5})^2 r^2}{\pi r^2} = \dfrac{64}{25\pi}$.

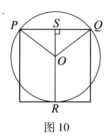

图 10

(B)

23. 三种麦子 P,Q,R 的蛋白质含量分别为 13%, 11% 和 9%. 现在要用三种面粉掺合成一种蛋白质含量为 12% 的面粉, 其中有 Q 种麦子 20 t, R 种麦子 40 t, 则所需 P 种麦子(　　).

A. 140 t　　　B. 360 t　　　C. 120 t

D. 136 t　　　E. 164 t

解　设所需的吨数是 x. 则

$0.13x + 20(0.11) + 40(0.09) = (0.12)(60 + x)$

即

$13x + 20 \times 11 + 9 \times 40 = 12(60 + x) = 720 + 12x$

$x = 720 - 220 - 360 = 140$　　(A)

24. 可用多少种方法将一个 3×3 的正方形分成一个 1×1 的正方形和四个 2×1 的矩形?(图 11 中给出了三种方法)(　　).

A. 6 种　　　B. 12 种　　　C. 16 种
D. 17 种　　　E. 18 种

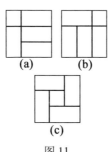

图 11

解　此时只有两种情形需要考虑：一种是 1×1 的正方形放在一个角上，一种是它放在中心处. 后一类型只可能有两种排列方法，如图 12 所示.

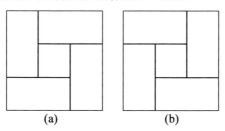

图 12

至于第一种类型，假设 1×1 的正方形放在左上角，那么以下四种排列方法都是可能的（图 13）.

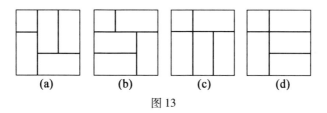

图 13

由于通过旋转,其中每一种排法又能产生另三种排法,所以各种排列方法的总数为 $2+4\times4$ 即 18.

(E)

25. 代表某校的 300 名女孩参加夏季运动会和冬季运动会. 在夏季,60% 的女孩打板球,其余的 40% 打网球. 在冬季,女孩们打曲棍球或篮球,但每人只能选一种. 打曲棍球的人里有 56% 在夏季打板球. 而打板球的运动员里有 30% 在冬季打篮球,那么既打网球又打篮球的女孩的总数为( ).

A. 54 个   B. 30 个   C. 120 个

D. 99 个   E. 21 个

解 首先我们注意夏天有 180 个女孩打板球,其他 120 人打网球. 如果 30% 打板球的人到冬季打篮球,这就意味着他们中有 54 人打篮球,亦即她们中有 $180-54=126$ 人打曲棍球,但这只占打曲棍球人数的 56%. 于是原来打网球的曲棍球手为 $\frac{44}{56}\times126=99$,所以既打网球又打篮球的女孩数为 $120-99=21$.

(E)

注 整个情形可总结为表 1:

表 1

	曲棍球	篮球	总和
板球	126	54	180
网球	99	21	120
总和	225	75	300

26. 某国有种特别的货币,基本单位是元,因此有

一元钞票.为了较小的交易,他们有 $\frac{1}{2}$ 元,$\frac{1}{3}$ 元,$\frac{1}{4}$ 元和 $\frac{1}{5}$ 元几种硬币,为了避免一元以内的找零,人们需要携带的硬币的面值的总和至少是多少?( ).

A. $2\frac{43}{60}$ 元   B. $\frac{11}{12}$ 元   C. $1\frac{5}{12}$ 元

D. $2\frac{13}{60}$ 元   E. $2\frac{7}{15}$ 元

解 为了避免付了一张整元的钱而让商家用某一种硬币找零,我们可以选带的最大的硬币的集合是

$$\frac{1}{2},\frac{1}{3},\frac{1}{3},\frac{1}{4},\frac{1}{4},\frac{1}{5},\frac{1}{5},\frac{1}{5},\frac{1}{5}$$

在这些硬币中,能凑成整一元的只有面值为 $\frac{1}{2}$ 元和 $\frac{1}{4}$ 元的硬币.所以要在这个集合中除去价值为 $\frac{1}{2}$ 元的硬币,即或者除去一枚 $\frac{1}{2}$ 元的硬币,或除去两枚 $\frac{1}{4}$ 元的硬币,所剩下的硬币的总面值为

$$\frac{1}{2}+\frac{1}{3}+\frac{1}{3}+\frac{1}{4}+\frac{1}{5}+\frac{1}{5}+\frac{1}{5}+\frac{1}{5}$$

即 $\frac{30+20+20+15+12+12+12+12}{60}=\frac{133}{60}=2\frac{13}{60}$.   (D)

27. 若将下列各数 $p=3^{60}, q=5^{48}, r=6^{36}$ 和 $s=7^{23}$ 按数值由大到小排列,其顺序为( ).

A. $s>r>p>q$ B. $q>r>p>s$

C. $q > p > r > s$ D. $s > p > r > q$
E. $r > s > p > q$

解 首先注意 $3^{60} = 3^{5 \times 12}, 5^{48} = 5^{4 \times 12}, 6^{36} = 6^{3 \times 12}$, $7^{24} = 7^{2 \times 12}$, 通过计算可得 $3^5 = 243, 5^4 = 625$, $6^3 = 216, 7^2 = 49$. 这样, 因 $625 > 243 > 216 > 49$, 便得 $q > p > r > s$.   (C)

28. 如图14所示, 一个线快用完了的绕线筒, 由绕在它上面的细线沿着很平的表面拉动. 它的内筒的直径是 5 cm, 外轮的直径是 10 cm. 假设只有滚动而没有滑动, 当细线的一端移动 12 cm, 绕线筒将移动多远 ( ).

A. 8 cm   B. 6 cm   C. 24 cm
D. 12 cm   E. 18 cm

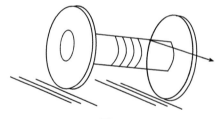

图 14

解 当绕线筒转动一圈时, 线移动的距离等于内筒的周长为 5π cm 加上外轮的周长为 10π cm, 总共移动了 15π cm. 这样如果线移动 12 cm, 则绕线筒转了 $\dfrac{12}{15\pi}$ 圈. 因为绕线筒转一圈时, 它所移动的距离是它的外轮周长 10π cm, 所以这时绕线筒移动的距离的厘米数为 $10\pi \cdot \dfrac{12}{15\pi} = 8$ cm.   (A)

29. 一位无线电爱好者把天线杆设在接收效果最佳的车库的矩形屋顶之上. 然后, 他从杆顶到屋顶四角间安装固定用的支撑线. 有两根相对的支撑线各长 7 m 和 4 m, 另一根长 1 m, 问最后一根的长度应是 (   ).

A. 8 m   B. 9 m   C. 10 m

D. 11 m   E. 12 m

解 设天线杆的高 UT 为 h m, 最后一根支撑线 ST 的长度为 x m, 如图 15 给各点标上字母. 那么根据毕达哥拉斯定理, 我们有

$$PU = \sqrt{49 - h^2}$$

$$QU = \sqrt{1 - h^2}$$

$$RU = \sqrt{16 - h^2}$$

$$SU = \sqrt{x^2 - h^2}$$

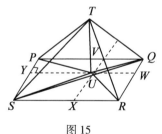

图 15

同样根据毕达哥拉斯定理, 可知

$$\begin{aligned}
SU^2 + QU^2 &= (SX^2 + XU^2) + (UW^2 + WQ^2) \\
&= (PV^2 + RW^2) + (UW^2 + VU^2) \\
&= (PV^2 + VU^2) + (UW^2 + RW^2) \\
&= PU^2 + UR^2
\end{aligned}$$

即
$$x^2 - h^2 + 1 - h^2 = 49 - h^2 + 16 - h^2$$
$$x^2 = 65 - 1 = 64$$
$$x = 8 \qquad (\text{A})$$

30. 在我住的镇上,有些动物实在太奇怪. 有 10% 的狗认为自己是猫,也有 10% 的猫认为自己的狗. 其余的猫和狗都是正常的. 有一天我对全镇所有的猫与狗做了盘问,结果其中有 20% 认为自己是猫. 那么真正的猫占的百分数是多少( ).

A. 12.5 B. 18 C. 20
D. 22 E. 22.5

解 假设这些动物中有 $x\%$ 是猫,则这些动物中的 $(100-x)\%$ 是狗. 那些自认为是猫的动物占的百分数是

$$90 \cdot \frac{x}{100} + 10 \cdot \frac{(100-x)}{100}$$

它应等于 20. 于是有 $0.8x + 10 = 20$,故 $x = \dfrac{10}{0.8} = 12.5$.

(A)

第6章　1990年试题

1. 0.3×2 等于(　　).

　　A. 0.15　　　B. 0.06　　　C. 0.6

　　D. 0.32　　　E. 0.9

　　解　$0.3 \times 2 = 0.6$.　　　　　　　　(　C　)

2. $(0.01)^2$ 等于(　　).

　　A. 0.1　　　B. 0.01　　　C. 0.001

　　D. 0.000 1　　E. 0.000 2

　　解　$(0.01)^2 = 0.000\ 1$.　　　　　　(　D　)

3. $\dfrac{0.75}{15}$ 的值是(　　).

　　A. 5　　　B. 0.5　　　C. 0.05

　　D. 0.005　　E. 0.0005

　　解　$\dfrac{75}{15}$ 值是 5，因此 $\dfrac{0.75}{15}$ 是 0.05.　(　C　)

4. 在图 1 中，x 等于(　　).

　　A. 50　　　B. 60　　　C. 70

　　D. 110　　　E. 65

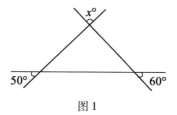

图 1

93

解 注意该三角形的内角为 $x°, 50°$ 和 $60°$. 因此 $x + 50 + 60 = 180$, 即 $x = 180 - 50 - 60 = 70$.

(C)

5. 数 $0.1, 0.11$ 和 0.111 的平均值是( ).

A. 0.041 B. 0.107 C. 0.11
D. 0.1111 E. 0.17

解 三个数之和是 0.321, 平均值是 $\frac{1}{3} \times 0.321 = 0.107$.

(B)

6. 若 $a = 0.6, b = 1.2, c = 0.4$, 则 $\frac{(ab)}{c}$ 的值是( ).

A. 1.8 B. 18 C. 0.18
D. 0.018 E. 180

解 $\frac{ab}{c}$ 的值是 $\frac{0.6 \times 1.2}{0.4} = \frac{0.72}{0.40} = 1.8$.

(A)

7. 图2中两条虚线都是该正六边形的对称轴. 正六边形中画阴影部分的面积占整个六边形的( ).

A. $\frac{5}{12}$ B. $\frac{7}{24}$ C. $\frac{11}{24}$
D. $\frac{1}{3}$ E. $\frac{3}{8}$

第6章 1990年试题

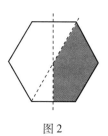

图2

解 如图3,垂直虚线 AB 的右边等于该六边形面积的一半,斜虚线割去了这部分面积的 $\frac{1}{6}$.六边形中阴影部分占整个六边形的 $(1-\frac{1}{6})\times\frac{1}{2}=\frac{5}{6}\times\frac{1}{2}=\frac{5}{12}$.

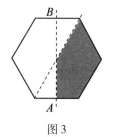

图3

(A)

8. 下列数中哪个数最小?( ).

A. $\frac{1}{4}$ B. $\frac{2}{5}$ C. $\frac{2}{7}$

D. $\frac{3}{10}$ E. $\frac{3}{11}$

解 将这些分数表为分子相同的分数,为

$$\frac{6}{24},\frac{6}{15},\frac{6}{21},\frac{6}{20},\frac{6}{22}$$

95

最小的数是分母最大的那个. (A)

9. 在图 4 中,$PQ = PR = QS$,且 $\angle QPR = 20°$,$\angle RQS$ 等于( ).

A.$20°$ B.$40°$ C.$60°$
D.$80°$ E.$100°$

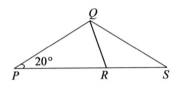

图 4

解 由给定的条件可知 $\angle PQR = \angle PRQ = 80°$,又知 $\triangle PST$ 是等腰三角形,则 $\angle PSQ = 20°$.于是 $\angle PQS = 140°$ 且 $\angle RQS = 140° - 80° = 60°$.

(C)

10. 我的孩子的年龄分别为 6 岁,8 岁和 10 岁.每周总共给他们 12 元零花钱,要按年龄比例分配给每个孩子.老大每周得到多少( ).

A.3 元 B.4 元 C.5 元
D.6 元 E.10 元

解 设最大的孩子每周得到 x 元,则其他的孩子分别得到 $0.6x$ 元和 $0.8x$ 元.相加起来,有 $(0.6 + 0.8 + 1)x = 2.4x = 12$,即 $x = \dfrac{12}{2.4} = 5$. (C)

11. 两个分数在 $\dfrac{1}{4}$ 和 $\dfrac{2}{3}$ 之间等间隔地分布,两分数中较小者是( ).

A. $\dfrac{13}{24}$ B. $\dfrac{7}{18}$ C. $\dfrac{29}{36}$

D. $\dfrac{5}{12}$ E. $\dfrac{1}{3}$

解 设间距为 h, 较小的数为 x.

则 $\dfrac{2}{3} = \dfrac{1}{4} + 3h$, 即 $3h = \dfrac{2}{3} - \dfrac{1}{4} = \dfrac{1}{12}(8-3) = \dfrac{5}{12}$.

这样 $h = \dfrac{5}{36}$, 所以

$$x = \dfrac{1}{4} + \dfrac{5}{36} = \dfrac{1}{36}(9+5) = \dfrac{14}{36} = \dfrac{7}{18}$$

(B)

12. 两个相续的正整数的平方差为 d, 则较小的正整数可表为(　　).

A. $d-1$　　B. $\dfrac{1}{2}(d-1)$　　C. $\dfrac{1}{2}(d+1)$

D. $\dfrac{d}{2}$　　E. $(d-1)^2$

解 设较小数为 n, 则 $(n+1)^2 - n^2 = d$, 即 $n^2 + 2n + 1 - n^2 = 2n + 1 = d$, 故 $n = \dfrac{1}{2}(d-1)$.

(B)

13. 我们说一只正常鸭有两条腿, 一只瘸鸭只有一条腿, 而孵蛋鸭没有腿(指看不到它的腿). 现有 33 只鸭子共有 32 条腿, 且正常鸭和瘸鸭的数目之和是孵蛋鸭的两倍. 则瘸鸭为(　　).

A. 9 只   B. 10 只   C. 11 只

D. 12 只   E. 13 只

解 第一个条件告诉我们孵蛋鸭的只数比正常鸭多一只. 第二个条件是说有 11 只孵蛋鸭. 因此, 有 10 只正常鸭和 12 只瘸鸭.   (D)

14. 如图 5, △PQR 是直角三角形($\angle Q$ 为直角), △PST 和 △RTU 都是等腰三角形. 若 $\angle STU$ 等于 $x°$, 那么 x 的值是( ).

A. 30   B. 45   C. 50

D. 55   E. 60

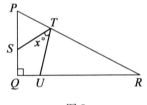

图 5

解 设 $\angle SPT = y°$. 那么 $\angle TRU = (90 - y)°$. 因为 △PST 是等腰三角形, 我们有 $\angle PTS = \frac{1}{2}(180 - y)° = (90 - \frac{1}{2}y)°$. 类似地, $\angle UTR = (90 - \frac{1}{2}(90 - y))° = 45 + \frac{1}{2}y°$. 将在 T 处的三个角相加, 我们有 $x + 90 - \frac{1}{2}y + 45 + \frac{1}{2}y = 180$, 即 $x = 45$.

     (B)

15. 一位著名的澳大利亚年轻的模特儿最近宣称,

在一次10天的拍摄时间里,她每天都要从早上4:00工作到晚上9:00,中间仅有1 h休息.在这次拍摄期间,她共工作了多少小时?( ).

A．17 h　　　　B．40 h　　　　C．50 h
D．160 h　　　　E．170 h

解　该模特儿每天工作16 h,所以这10 d她一共工作了160 h.　　　　　　　　　　　　　　　(D)

16. 有一圆盘,问最少要用多少个跟它同样大小的圆盘才能覆盖它,条件是从正上方看时,覆盖用的圆盘不能覆盖着被覆盖圆盘的圆心,但允许与它相触.
( ).

A．6个　　　　B．4个　　　　C．3个
D．2个　　　　E．5个

解　图6显示了用三个圆成功的覆盖(覆盖了中间的那个圆).注意,被覆盖的圆的圆心位于那三个覆盖圆的三重交点处,而且每一对覆盖圆也在被覆盖的圆上相交,三个交点等间隔地位于被覆盖圆上.显然,仅用两个圆不足以按要求覆盖住原来的圆.　(C)

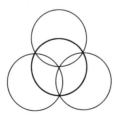

图6

17. 一个建筑商为完成一项工程需要10 000块砖.根据长期的经验,他知道运输时造成的碎损的砖数不

超过7%.砖是按100块一包的方式卖的.为了保证有足够的砖完成这项工程,他需要至少预订多少块砖?( ).

A. 10 900 块   B. 10 600 块   C. 10 500 块
D. 10 700 块   E. 10 800 块

解 为保证有足够的砖,他要准备 x 块砖.则 $0.93x = 10\,000$,即 $x = \dfrac{10\,000}{0.93} = 10\,753$(最接近的整数).所以至少要预订10 800 块砖.   (E)

18. 如图7,这是一张5行5列的方格表,顶上一行填有符号 P, Q, R, S, T. 第四行中间填有符号 P, Q, R. 余下的方格中可填入 P, Q, R, S, T,要求做到同一符号在每一行、每一列及每条对角线上只出现一次.那么填入画有阴影的方格中的符号必须是( ).

A. P B. Q C. R
D. S E. T

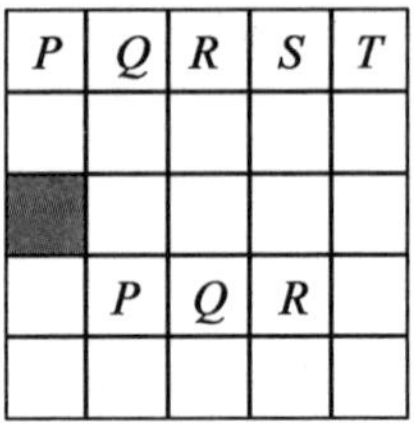

P	Q	R	S	T
		P	Q	R

图7

解 如图8(a),标有 $*$ 的方格必须填 Q,因为同一行中已出现了 R 和 S,而同一主对角线上已有了 P 和 T.

第6章 1990年试题

	P	Q	R	S	T
				*	
		P	Q	R	

(a)

P	Q	R	S	T
S	T	P	Q	R
Q	R	S	T	P
T	P	Q	R	S
R	S	T	P	Q

(b)

图8

现在,在第1行中能填 Q 的方格只有画阴影的那个了. (B)

注 该解是唯一的,它是一个拉丁方阵.

19. 每个出席玩具熊(Teddy Bear)野餐会的孩子带着两只玩具熊,此外没有多余的玩具熊. 会后的调查发现,有32个孩子丢了一只或两只玩具熊,而有56只丢失的玩具熊躺在周围地上,那么丢掉一只玩具熊的孩子数目是( ).

A. 8　　　　B. 12　　　　C. 16
D. 20　　　　E. 24

解　设只丢一只玩具熊的孩子数目为 x,丢两只玩具熊的孩子数目为 y. 因为至少丢一只玩具熊的孩子共有32个,所以有 $x + y = 32$. 又因为一共丢失了56只熊,故又有 $x + 2y = 56$. 由第二个方程减去第一个方程得到 $y = 24$. 再由第一个方程我们可推出 $x = 8$.

(A)

20. 如图9所示,一条中空的管道有一个直角状连接件,其两端是开口的,图中标明了它的尺寸. 它的外表面的面积应为( ).

A. $1\,200\pi$ cm^2 B. 800π cm^2 C. $6\,000\pi$ cm^2
D. $4\,000\pi$ cm^2 E. 600π cm^2

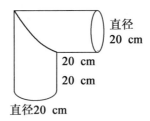

图9

解 注意,它可看成由两部分组成,每一部分的表面积都等于直径为 20 cm、高为 40 cm 的圆柱体的表面积的 $\frac{3}{4}$. 所以总的表面积为 $2 \times \frac{3}{4} \times \pi Dh = \frac{3}{2} \times \pi \times 20 \times 40 = 1\,200\pi$.   (A)

21. 如果 $a^2 = a + 2$,则 a^3 等于(   ).

A. $a + 4$ B. $2a + 8$ C. $3a + 2$
D. $4a + 8$ E. $27a + 8$

解 因 $a^2 = a + 2$,故 $a^3 = a(a+2) = a^2 + 2a = a + 2 + 2a = 3a + 2$.   (C)

22. 有一处地面用正多边形状的地砖铺成. 当从地面取出一块地砖并转动 $50°$,它仍能准确地放回原来的位置上. 这种多边形至少应有的边数为(   ).

A. 8   B. 24   C. 25
D. 30   E. 36

解 设边数为 n. 每条边所对的中心角等于 $\frac{1}{n} 360°$,要求 $\frac{50}{\frac{360}{n}}$ 是一个整数,即 $\frac{50}{360} n = \frac{5}{36} n$ 是一个整

数. 能达到这一要求的最小的 n 是 36. （ E ）

23. 从曼利（Manly）码头到圆码头（Circular Quay）坐渡船需要 33 min, 而乘水上飞机需要 15 min. 某天渡船上午 11:53 从曼利开向圆码头, 而水上飞机在中午 12:05 起飞. 水上飞机追上渡船的时间为（ ）.

A. 中午 12:11　B. 中午 12:12　C. 中午 12:13

D. 中午 12:14　E. 中午 12:15

解 水上飞机飞行一趟比渡船快 18 min（它每次用 15 min）, 即每趟它赢得 18 min. 现在为赢得 12 min 需要的时间为 $\frac{12}{18} \times 15 = 10$ min.　（ E ）

24. 设 $n = 33\cdots3$, 由 100 个 3 组成. N 是全部由 4 组成的数, 而且是能被 n 除得尽的最小的数. 设 N 由 x 个 4 组成, 则 x 等于（ ）.

A. 180　　　B. 240　　　C. 150

D. 400　　　E. 300

解 首先注意 n 是能被 3 而不能被 9 除尽的数. 由于 N 能被 3 除得尽, 因此 x 必是 3 的倍数, 这就排除了选项 D. 接着我们证明: 若 n 除得尽 N, x 必是 100 的倍数. 假设不然, 则 $x = 100q + r, 0 < r < 100$. 设 $k = 11\cdots1$, 包含有 100 个 1, 则

$N = 4\cdots4$

$= \underbrace{4\cdots4}_{100}\underbrace{4\cdots4}_{100}\cdots\underbrace{4\cdots4}_{100}\underbrace{4\cdots4}_{r}(0 < r < 100)$

　　　　$\underbrace{}_{q}$

$= 4k \times 10^{100(q-1)+r} + 4k \times 10^{100(q-2)+r}\cdots 4k \times 10^r +$

$$\text{即有 } N = \underbrace{44\cdots4}_{r}(\bmod 4k).$$

由于 $3k \mid N$, 这意味着 $r = 0$, 而这与假设矛盾. 于是, x 能被 100 与 3 除尽. 那么最小的 x 便是 300.

(E)

25. 这是一座建筑物的平面图, 其中的庭院有两处出入口. 过路者可以在门外观看但不能进入庭院. 图10 中标明了该建筑的尺寸, 所有的壁角都是直角. 试问庭院中过路者看不到的部分的面积是多少( ).

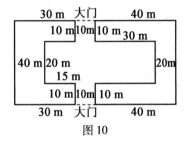

图 10

A. 250 m² B. 200 m² C. 300 m²
D. 400 m² E. 325 m²

解 答案见本书第4章, 第21题. (E)

26. 如图 11, $WXYZ$ 是一正方形, $PV \perp XY$. 若 $PW = PZ = PV = 10$ cm, 则 $WXYZ$ 的面积为( ).

A. 225 cm² B. 232 cm² C. 248 cm²
D. 256 cm² E. 324 cm²

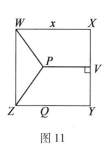

图11

解 如图12作 $PQ \perp ZY$：在 $\triangle PQZ$ 中，$PZ^2 = ZQ^2 + QP^2$，即 $10^2 = (x-10)^2 + (\frac{x}{2})^2$. 于是 $100 = x^2 - 20x + 100 + \frac{x^2}{4}$. 由此可得 $0 = 4x^2 - 80x + x^2$，即 $5x^2 - 80x = 0$，亦即 $x = 0$（我们舍去这个根）或 $x = 16$. 故所求面积为 $16^2 = 256 (\text{cm}^2)$.

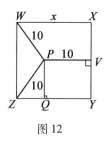

图12

(D)

27. 我的汽车配备了一种特别牌子的轮胎，装在前轮其使用的距离为 40 000 km，装在后轮则可使用 60 000 km，如果将前后轮胎交换使用，我用这一组四个轮胎可行驶的最大距离是(   ).

A. 52 000 km   B. 50 000 km   C. 48 000 km

D. 40 000 km   E. 44 000 km

解 汽车行驶 1 km 四个轮胎的平均功能损耗率为

$$\frac{1}{4}\left(\frac{1}{40\,000}+\frac{1}{40\,000}+\frac{1}{60\,000}+\frac{1}{60\,000}\right)=\frac{1}{48\,000}$$

每个轮胎依据此损耗率来使用是最优的. 所以汽车的最大行驶距离是 48 000 km. (C)

28. 我们由一个有限序列 S_0 出发生成一个新数列 S_1，方法是对 S_0 的每一项都换为该数在 S_0 中出现的次数. 例如当 $S_0=(1,2,3,1,2)$，则 $S_1=(2,2,1,2,2)$. 任一序列都可作为 S_0 出现. 下列哪一个序列可以作为 S_1 出现?(　　).

A. $(1,1,2,2,2)$　B. $(1,1,1,2,2)$　C. $(1,1,2,2,3)$
D. $(1,3,3,3,3)$　E. $(2,2,2,3,3)$

解　在任一序列 S_1 中，项 "n" 必须出现 kn 次，其中 k 是某个整数. 但在(A)中 2 出现 3 次；在(C)中 3 出现一次；(D)中 3 出现 4 次；在(E)中 2 出现 3 次，3 出现两次. 故只有(B)可找到与之对应的 S_0. 如 $S_0=\{1,2,3,4,4\}$. (B)

29. 一个实心立方体的每个面如图 13 分成四部分. 从顶点 P 出发，可找出沿图中相连的线段一步步到达顶点 Q 的各种路径. 若要求每步沿路径的运动都更加靠近 Q，则从 P 到 Q 的这种路径的数目为(　　).

A. 46　　　　B. 90　　　　C. 36
D. 54　　　　E. 60

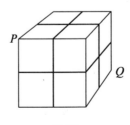

图 13

解 图 14 中所标出的到达每个节点的路径数,可经由相继的加法得到,于是很容易看出到达点 R 的路径数是 18. 根据对称性(有 3 条路到达 Q),到达 Q 的路径的总数为 $3 \times 18 = 54$.

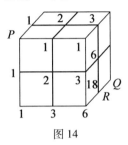

图 14

(D)

30. 在一个圆周上顺着一个方向等距地标出 21 个点,依次标记为 $0,1,\cdots,20$. 将其中的 n 个点标为红色,使得任意两个红色点之间的距离各不相同. 则 n 至多是( ).

A. 2　　　　B. 3　　　　C. 4

D. 5　　　　E. 6

解 当 $n = 5$ 时,由涂色的点对所确定的各种可能的距离有 $5 \times 4 = 20$ 种. 由于只存在 20 种可能的距离,这意味着 $n \leqslant 5$. 这就排除了 E. 试将标记为 $0,3,4,9,11$ 的点成红色,这说明 $n = 5$ 是可能的,于是又排除了 A,B 和 C.

(D)

第7章　1991年试题

1. 9.2 + 2.9 等于( ).

A. 11.11　　B. 12.1　　C. 18.4

D. 9.49　　E. 11.1

解　9.2 + 2.9 = 12.1.　　　　　　　　(B)

2. 如果用 $\frac{1}{12}$ 乘24,再加12,则得到( ).

A. $36\frac{1}{12}$　　B. 24　　C. 14

D. 36　　E. 300

解　$24 \times \frac{1}{12} + 12 = 2 + 12 = 14$.　　(C)

3. $(7a+5b)-(5a-7b)$ 等于( ).

A. $12a-12b$　　B. $2a-2b$　　C. 0

D. $2a+12b$　　E. $12a-2b$

解　$(7a+5b)-(5a-7b) = 7a+5b-5a+7b = 2a+12b$.　　(D)

4. 数 0.32,0.302,0.7,0.688 和 0.649 中最大的数与最小数的和为( ).

A. 1.008　　B. 1.002　　C. 1.388

D. 1.02　　E. 0.969

解　和是 0.302 + 0.7 = 1.002.　　(B)

5. 在图1中,x 等于( ).

A. 34　　　　B. 33　　　　C. 46
D. 67　　　　E. 23

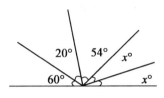

图 1

解　$2x + 60 + 20 + 54 = 180$，即 $2x + 134 = 180$，$2x = 46$ 或 $x = 23$.　　　　　　　　　　(E)

6. 当 $x = 4$ 时，表达式 $\dfrac{\sqrt{20 + x^2}}{\sqrt{20 - x^2}}$ 的值是( ).

A. $\sqrt{\dfrac{3}{2}}$　　　　B. $\dfrac{9}{4}$　　　　C. 3

D. $\dfrac{9}{2}$　　　　E. 9

解　当 $x = 4$，我们有 $\dfrac{\sqrt{20 + x^2}}{\sqrt{20 - x^2}} = \dfrac{\sqrt{36}}{\sqrt{4}} = \dfrac{6}{2} = 3$.　　　　　　　　　　(C)

7. 将 $\dfrac{3}{7}$ 表示为小数形式，位于第 21 位小数位的数是( ).

A. 8　　　　B. 4　　　　C. 5
D. 7　　　　E. 2

解　$\dfrac{3}{7} = 0.428\,571\,42\cdots$，其规律是每隔 6 个数

字便重复. 第 19 位是 4, 第 20 位是 2, 第 21 位是 8.

(　A　)

8. 恰能整除 1 000 000 的 2 的最高幂次是哪个 (　　).

A. 2^3　　　　B. 2^4　　　　C. 2^5

D. 2^6　　　　E. 2^8

解 我们注意 $1\,000\,000 = 10^6 = 2^6 \times 5^6$, 故能整除 1 000 000 的 2 的最高幂次是 2^6. (　D　)

9. 有一块草地需按每 100 m^2 用 2.5 kg 的比率施用肥料. 该草地的形状和大小如图 2 所示, 其中的角都是直角. 所需肥料的总量应为 (　　).

A. 18 kg　　　B. 19 kg　　　C. 20 kg

D. 22 kg　　　E. 24 kg

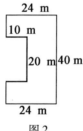

图 2

解 草地所占的面积为 $24 \times 40 - 10 \times 20 = 760$ m^2. 故所需草地肥料的总量为 $7.6 \times 2.5 = 19$. (　B　)

10. 四个数的平均值是 48. 若每个数减去 8, 则所得的四个新数的平均值为 (　　).

A. 16　　　　B. 40　　　　C. 46

D. 44　　　　E. 6

解 如果每个数减 8, 则平均数也减去 8, 即从 48

减到 40. (B)

11. 如果 $P\uparrow$ 表示 $P+1$，$P\downarrow$ 表示 $P-1$，则 $4\uparrow \times 3\downarrow$ 等于(　　).

A. $9\downarrow$　　　B. $10\uparrow$　　　C. $11\downarrow$

D. $12\uparrow$　　　E. $13\downarrow$

解 我们注意到 $(4\uparrow) \times (3\downarrow) = 5 \times 2 = 10$，它等于 $11\downarrow$. (C)

12. 如果将数 $2^8, 2^7-2, 2^7+2, 2^7$ 和 2^6 按大小顺序排列，位于中间的数是哪个(　　).

A. 2×2^7　　　B. $2 \times 2^6 - 2$　　　C. $2 + 2 \times 2^6$

D. 2^7　　　E. $\dfrac{2^7}{2}$

解 这些数是 $2^8, 2^7-2, 2^7+2, 2^7$ 和 2^6，按大小排在中间的是 2^7. (D)

13. 在图 3 中，$PR = QR$，$\angle PRQ = 40°$，$\angle PTU = 25°$. 则 $\angle RST$ 等于(　　).

A. $140°$　　　B. $125°$　　　C. $135°$

D. $115°$　　　E. $110°$

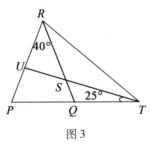

图 3

解 因为 $RP = RQ$，故 $\angle RQP = 70°$. 于是 $\angle RQT = 110°$，$\angle QST = 45°$ 且 $\angle RST = 135°$.

14. 1 L 橙汁饮料含有 10% 的橙汁,为了得到含有 50% 的橙汁饮料还需要加入多少毫升的橙汁?( ).

  A. 450 mL B. 800 mL C. 600 mL

  D. 400 mL E. 500 mL

 解 设 x 是需增加的毫升数,则

$$\frac{100+x}{1\,000+x}=\frac{1}{2},即 x=800.\qquad(\text{ B })$$

15. 皮兰(Piran)有一块 4×4 的方格板(图4). 他希望在板上放尽可能多的棋子,规则是每个小方格中至多放一个棋子,而且在每行、每列和对角线上,至多放三个棋子,这样最多可在方格板上放置几个棋子( ).

  A. 9 B. 10 C. 11

  D. 12 E. 13

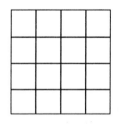

图4

 解 因为任何一行都不能有多于三个的棋子,故放置的棋子数最多不能超过12个. 图中显示了12个棋子适当的放置方式(图5).

图5

(D)

16. 如图6,排放着九个正方形. 若正方形A的面积为1 cm², 正方形B的面积为81 cm², 那么正方形I的面积等于(   ).

A. 196 cm²   B. 256 cm²   C. 289 cm²
D. 324 cm²   E. 361 cm²

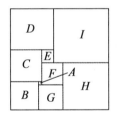

图6

解 边的长度,可按如下方法推导出来. 因正方形A的边长为1 cm, 而正方形B的边长为9 cm, 那么正方形G的边长为8 cm, 正方形F的边长是7 cm而正方形H的边长15 cm. 同样, 正方形C的边长是10 cm, 所以正方形E的边长为(10 − (7 − 1)) cm = 4 cm. 这样正方形I的边长为(15 + 7 − 4) cm = 18 cm. 故I的面积为324 cm².

(D)

17. 小于 1 000 的正整数中有几个数字之和为 6？( ).

A. 28 个   B. 19 个   C. 111 个

D. 18 个   E. 27 个

解 这样的整数可以有规律地罗列如下：

6	15	24	33	42	51	60
105	114	123	132	141	150	
204	213	222	231	240		
303	312	321	330			
402	411	420				
501	510					
600						

共有 28 个.   (A)

18. 玛丽亚(Maria)要乘公共汽车出门，她知道必须不多不少地付足车费，但她不知道车费是多少，只知道是在 1.00 元到 3.00 元之间. 为了保证准确地带够车费，她至少需要带多少枚硬币？(假定可用的硬币为 1 分、2 分、5 分、10 分、20 分、50 分、1 元、2 元这几种)( ).

A. 6 枚   B. 7 枚   C. 8 枚

D. 9 枚   E. 10 枚

解 为了付出尾数为 1 分，2 分，…，9 分的钱，玛丽亚需要一枚 1 分，两枚 2 分和一枚 5 分的硬币. 为了付出 10 分，20 分，…，90 分的钱. 她需要一枚 10 分，两枚 20 分和一枚 50 分的硬币. 最后加上两枚 1 元硬币就足以应付 1 元到 3 元之间的任何票价. 这样总共需要

10 枚硬币. (E)

19. 如图7,$PQRS$ 是边长为 12 cm 的正方形. T 是 RS 上的一点,使得 ST 等于 5 cm. MN 垂直于 PT 并交 PT 于 X. 若 MX 等于 4 cm,那么 XN 的长度为 (   ).

A. 5 cm B. 7 cm C. 13 cm
D. 9 cm E. 11 cm

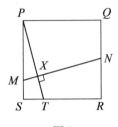

图7

解 如图8,作 $SU \parallel MN$. 那么 $SU = MN$ 且 $\triangle PST \cong \triangle SRU$. 于是 $SU = PT$. 但 $PT = \sqrt{5^2 + 12^2} = 13$. 因此 $MN = 13, XN = 13 - 4 = 9$.

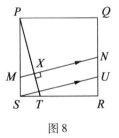

图8

(D)

20. 三个无业游民约翰(John)、凯文(Kevin)和罗伯特(Robert)在一起赌钱. 开始时他们所有的钱的比是 7∶6∶5. 赌完之后他们钱的比变成 6∶5∶4(钱的所有者次序同前).其中一个人赢了12元.他原来有多少钱?( ).

　　A.420元　　　B.1 080元　　　C.432元

　　D.120元　　　E.90元

解　约翰、凯文和罗伯特三人各自的钱所占的比率分别为$\frac{7}{18}$,$\frac{1}{3}$和$\frac{5}{18}$.结束时变为$\frac{2}{5}$,$\frac{1}{3}$和$\frac{4}{15}$.我们看到凯文不输不赢,赢家是约翰,因为$\frac{7}{18}<\frac{2}{5}$.设x是全部的钱数,则$(\frac{2}{5}-\frac{7}{18})x=12$,即$x=1\,080$.所以约翰开始时有$\frac{7}{18}\times 1\,080=420(元)$.　　　　(A)

21. 一个大学生以常速(相对于水而言)在纳姆布卡(Nambucca)河中划船.从鲍拉维尔(Bowraville)到麦克斯维尔(Macksville)顺流而下要用3 h,逆流而上要用4 h.设水流是常速的,则一块飘浮的木头顺流而下,从鲍拉维尔飘到麦克斯维尔要用( ).

　　A.12 h　　　B.18 h　　　C.6 h

　　D.24 h　　　E.36 h

解　设距离为d km,河水流速为y km/h,划船者在静水中的划速为x km/h.则有

$$\frac{d}{x+y}=3,\quad \frac{d}{x-y}=4$$

方程可写为$x+y=\frac{d}{3}$和$x-y=\frac{d}{4}$.两方程相减得

$$2y=\frac{d}{3}-\frac{d}{4}=\frac{1}{12}((4-3)d)$$

于是 $y = \dfrac{d}{24}$, 故需 24 h.　　　　　　　　(D)

22. 商店卖了 40 支三种不同型号的笔,共 40 元. 若每支笔的价格分别为 25 分,1 元和 5 元,且 1 元的笔比 5 元的笔多. 问卖了多少支 25 分的笔?(　　).

　　A. 20 支　　　B. 12 支　　　C. 24 支

　　D. 16 支　　　E. 18 支

解　设有 x 支价值 5 元的笔, y 支价值为 1 元的笔和 z 支价值为 25 分的笔. 则由笔的数目和买的价钱可得

$$x + y + z = 40$$
$$5x + y + 0.25z = 40$$

两式相减得出 $4x - 0.75z = 0$, 或 $x = \dfrac{3z}{16}$. 仅有的 z 的正整数解为 $z = 16$ 或 $z = 32$. 如果 $z = 32$, 则 $x = 6$ 且 $y = 2$, 这违背了 $y > x$ 的要求. 另一个解是 $z = 16$, $x = 3$ 和 $y = 21$, 这是合乎要求的解.　　(D)

23. 如图 9, 在半径为 1 个单位长的 $\dfrac{1}{4}$ 圆内, 可能做出的最大的圆的半径是(　　).

　　A. $\sqrt{2} - 1$　　　B. $\dfrac{1}{2}$　　　C. $\dfrac{\sqrt{2}}{3}$

　　D. $\dfrac{1}{\pi}$　　　E. $\dfrac{1}{(2\sqrt{2})}$

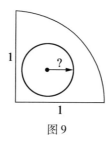

图9

解 如图10,所做的最大的圆和$\frac{1}{4}$圆将在Q相切. 那么$PR = \sqrt{r^2 + r^2} = \sqrt{2}r$. 同样地,$QR = r$. 于是$\sqrt{2}r + r = 1$. 那么

$$r = \frac{1}{\sqrt{2}+1} = \frac{\sqrt{2}-1}{(\sqrt{2}+1)(\sqrt{2}-1)} = \sqrt{2}-1$$

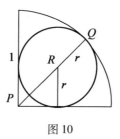

图10

(A)

24. 三对孪生姐妹与三对孪生兄弟结婚,而且每个女孩嫁给她的孪生姐妹的丈夫的孪生兄弟. 假设这12人同时参加一场网球混合双打锦标赛(即每对参赛选手由一个女孩和一个男孩组成),如果规定任何人不得与自己的配偶和孪生兄弟(或姐妹)的配偶配对参赛,那么可以有多少种不同的方式安排成六对选手参

赛?( ).

A. 80 种　　　B. 16 种　　　C. 48 种

D. 32 种　　　E. 96 种

解　设三对孪生姐妹记为 A_1,A_2,B_1,B_2,C_1,C_2. 设她们的配偶分别记为 a_1,a_2,b_1,b_2,c_1,c_2.

首先考虑 A_1,A_2 仅与 b_1,b_2 或仅与 c_1,c_2 配对的情形,这时有四种组合

$$A_1 \quad b_1 \quad b_2 \quad c_1 \quad c_2$$
$$A_2 \quad b_2 \quad b_1 \quad c_2 \quad c_1$$

对每一个这样的组合,B_1 和 B_2 只能选择一对孪生子(有两种可能的组合),而 C_1 和 C_2 也只能选择另一对(也有两种可能性).于是共有 4×4 个可能的组合.下面考虑 A_1,A_2 或与 b_1 或与 b_2 配对,以及与 c_1 或与 c_2 配对的情况.此时共有八种可能的配对方式

$$A_1 \quad b_1 \quad b_1 \quad b_2 \quad b_2 \quad c_1 \quad c_1 \quad c_2 \quad c_2$$
$$A_2 \quad c_1 \quad c_2 \quad c_1 \quad c_2 \quad b_1 \quad b_2 \quad b_1 \quad b_2$$

对这八种方式中的每一种又存在 8 种可能的配对.例如当 A_1,A_2 跟 b_1,c_1 配对时,我们注意到 b_2 只能与 C_1 或 C_2 配对(即有两种选择),而 c_2 只能与 B_1 或 B_2 配对(两种选择),且 a_1 和 a_2 有两种排列顺序(总共 8 种选择).所以这种类型的配对有 $8\times 8=64$ 种.于是各种组合的总数为 $16+64=80$.　　　　　　(A)

25. 当 1 991 写为两个小于 100 的正整数的平方差时,较小的正整数为( ).

A. 95　　　B. 96　　　C. 91

D. 93　　　E. 85

解 我们注意 1 991 可分解为

$$1\,991 = x^2 - y^2 = (x+y)(x-y) = 11 \times 181$$

因 x 和 y 都为正,由 $x - y = 11$ 和 $x + y = 181$ 可得(由第二个方程减第一个方程)$2y = 170$,即 y(x 与 y 中较小者)等于 85. (E)

注 有一种平凡的分解,即 $1\,991 = 1 \times 1\,991$,由它导出 x 和 y,$x = 996, y = 995$. 但它是不满足要求的,因为两数都大于 100.

26. 设 p 和 q 是正整数,满足 $\dfrac{7}{10} < \dfrac{p}{q} < \dfrac{11}{15}$. 则 q 的最小可能的值是( ).

A. 25   B. 60   C. 30

D. 7   E. 6

解 很容易检验这样的一个分数的分母不能为 1,2,3,4,或 5. 试一下 6,有 $\dfrac{4}{6} = 0.66\cdots < \dfrac{7}{10}, \dfrac{5}{6} = 0.83 > \dfrac{11}{15}(= 0.73\cdots)$. 因此 $\dfrac{5}{7}(= 0.71\cdots)$ 是满足该不等式且分母最小者. (D)

27. 如图 11,一个立方体的角都被切去,形成一些三角形面. 当该圆形的所有 24 个角用对角线连起来,问这些对角线中穿过图形内部的共有多少条( ).

A. 84   B. 108   C. 120

D. 142   E. 240

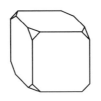

图 11

解 任一个角可通过图形内部的对角线跟其他 10 个角相ći. 这里共有 24 个角,故穿过图形内部的对角线的总数(注意要用 2 除,以保证每条对角线只计算一次,避免重复计数)为 $\frac{1}{2}(24 \times 10) = 120$.

(C)

28. 若将乘积 $1 \times 3 \times 5 \times 7 \times \cdots \times 99$ 写成一个数,它的倒数第二个数字是( ).

A. 2 B. 7 C. 5
D. 0 E. 3

解 首先注意

$1 \times 3 \times 5 \times \cdots \times 99$
$= (51 \times 49) \times (53 \times 47) \times \cdots \times (99 \times 1)$
$= (50^2 - 1^2) \times (50^2 - 3^2) \times \cdots \times (50^2 - 49^2)$
$= N(50)^2 + (-1) \times 1^2 \times 3^2 \times \cdots \times 49^2$

其中 N 是整数. $1 \times 3 \times \cdots \times 49$ 能被 25 除尽,但不能被 2 除尽. 所以最后两位数是 $\cdots 25$ 或 $\cdots 75$. 又因 $25^2 = 625$ 而 $75^2 = 5\,625$,所以

$1^2 \times 3^2 \times \cdots \times 49^2 = \cdots 25$

于是 $1 \times 3 \times 5 \times \cdots \times 99 = \cdots00 - \cdots25 = \cdots75$.

(B)

29. 两个长跑者在一环形跑道上沿相同方向赛跑,每人都以匀速前进. 每隔 12 min 跑得快的人赶上另一人一次. 设跑得快的人每圈比另一人少用 10 s. 那么他一秒钟跑的距离是跑道长度的几分之几?( ).

A. $\dfrac{1}{60}$ B. $\dfrac{1}{90}$ C. $\dfrac{1}{80}$

D. $\dfrac{1}{40}$ E. $\dfrac{1}{72}$

解 设跑得快的人每秒钟跑环形跑道长的 $\dfrac{1}{x}$,跑得慢的人每秒钟跑环形跑道长的 $\dfrac{1}{y}$. 则他们跑完一圈所需秒数分别为 x 和 y,且 $y - x = 10$. 在 12 min 内,即 720 s 内,快者比慢者多跑一圈. 于是 $\dfrac{720}{x} - \dfrac{720}{y} = 1$ 或

$$\dfrac{720}{x} - \dfrac{720}{10+x} = 1$$
$$7\,200 + 720x - 720x = x^2 + 10x$$
$$x^2 + 10x - 7\,200 = 0$$
$$(x + 90)(x - 80) = 0$$

取这个方程的正解得 $x = 80$.

(C)

编辑手记

数学竞赛是一项吸引人的活动,著名数学家 M. Gardner 指出:初学者解答一个巧题时得到了快乐,数学家解决了更先进的问题时也得到了快乐,在这两种快乐之间没有很大的区别.二者都关注美丽动人之处——即支撑着所有结构的那匀称的,定义分明的,神秘的和迷人的秩序.

由于中国数学奥林匹克如同乒乓球和围棋一样在世界享有盛誉,所以有关数学竞赛的书籍也多如牛毛,但这是本工作室首次出版澳大利亚的数学竞赛题解.

澳大利亚笔者没有去过,但与之相邻的新西兰笔者去过多次,虽然新西兰

澳大利亚中学数学竞赛试题及解答(中级卷)1985—1991

也出过菲尔兹奖得主即琼斯——琼斯多项式的提出者,但整体上数学教育水平还是澳大利亚略高一筹.以至于新西兰中小学生参加的数学竞赛还是使用澳大利亚的竞赛题目,按说从历史上看新西兰的早期移民大多是欧洲的贵族,而澳大利亚居民大多是被发配的罪犯,经过百年的历史演变可以看出社会制度的威力,这是值得我们深思的.再一个可供我们反思的是澳大利亚慢生活的魅力.我们近四十年来,高歌猛进,大干快上,锐意进取,岁月匆匆.

回顾历史,19世纪的欧洲,大量的娱乐时间意味着一个人的社会地位很高:一位哲学家曾这样描述1840年前后巴黎文人、学士的生活——他们的时间十分富余,以至于在游乐场遛乌龟成了一件非常时髦的事情,类似的项目在澳大利亚还能找到.

摘一段《数学竞赛史话》(单墫著,广西教育出版社,1990.)中关于澳大利亚数学竞赛的介绍.

第29届IMO于1988年在澳大利亚首都堪培拉举行.

这一届IMO有49个国家和地区参加,选手达到268名.规模之大超过以往任何一届.

这一年,恰逢澳大利亚建国200周年,整个IMO的活动在十分热烈、隆重的气氛中进行.

这是第一次在南半球举行的IMO,也是

编辑手记

第一次在亚洲地区和太平洋沿岸地区举行的 IMO. 参赛的非欧洲国家和地区有 25 个, 第一次超过了欧洲国家(24 个).

东道主澳大利亚自 1971 年开展全国性的数学竞赛, 并且在 70 年代末成立了设在国家科学院之下的澳大利亚数学奥林匹克委员会, 该委员会专门负责选拔和培训澳大利亚参加 IMO 的代表队. 澳大利亚各州都有一名人员参加这个委员会的工作. 澳大利亚自 1981 年起, 每年都参加 IMO. IMO(物理、化学奥林匹克)的培训都在堪培拉高等教育学院进行. 澳大利亚数学会一直对这个活动给予经费与业务方面的支持和帮助. 澳大利亚 IBM 有限公司每年提供赞助.

早在 1982 年, 澳大利亚数学会及一些数学界、教育界人士就提出在 1988 年庆祝该国建国 200 周年之际举办 IMO. 澳大利亚政府接受了这一建议, 并确定第 29 届 IMO 为澳大利亚建国 200 周年的教育庆祝活动. 在 1984 年成立了"澳大利亚 1988 年 IMO 委员会". 委员会的成员包括政府、科学、教育、企业等各界人士. 澳大利亚为第 29 届 IMO 做了大量准备工作, 政府要员也纷纷出马. 总理霍克与教育部部长为举办 IMO 所印的宣传册等写祝词. 霍克还出席了竞赛的颁奖仪式, 他亲自为荣获金奖(一等奖)的 17 位中学生(包括我国的何宏宇和陈晞)颁奖,并发表了热情洋溢的讲话.竞赛期间澳大利亚国土部部长在国会大厦为各国领队举行了招待会,国家科学院院长也举办了鸡尾酒会.竞赛结束时,教育部部长设宴招待所有参加 IMO 的人员.澳大利亚数学界的教授、学者也做了大量的组织接待及业务工作,为这届 IMO 作出了巨大的贡献.竞赛地点在堪培拉高等教育学院.组织者除了堪培拉的活动外,还安排了各代表队在悉尼的旅游.澳大利亚 IBM 公司将这届 IMO 列为该公司 1988 年的 14 项工作之一,它是这届 IMO 的最大的赞助商.

竞赛的最高领导机构是"澳大利亚 1988 年 IMO 委员会",由 23 人组成(其中有 7 位教授,4 位博士).主席为澳大利亚科学院院士、亚特兰大大学的波茨(R. Potts)教授.在 1984 年至 1988 年期间,该委员会开过 3 次会来确定组织机构、组织方案、经费筹措等重大问题.在 1984 年的会议上决定成立"1988 年 IMO 组织委员会",负责具体的组织工作.

组委会共有 13 人(其中有 3 位教授,4 位博士),主席为堪培拉高等教育学院的奥哈伦(P. J. O'Halloran)先生,波茨教授也是组委会委员.

编辑手记

组委会下设6个委员会.

1. 学术委员会

主席由组委会委员、新南威尔士大学的戴维·亨特(D. Hunt)博士担任.下设两个委员会:

(1)选题委员会.由6人组成(包括3位教授,1位副教授和1位博士.其中有两位为科学院院士).该委员会负责对各国提供的赛题进行审查、挑选,并推荐其中的一些题目给主试委员会讨论.

(2)协调委员会.由主任协调员1人,高级协调员6人(其中有两位教授,1位副教授,1位博士),协调员33人(其中有5位副教授,18位博士)组成.协调员中有5位曾代表澳大利亚参加IMO并获奖.协调委员会负责试卷的评分工作:分为6个组,每组在1位高级协调员的领导下核定一道试题的评分.

2. 活动计划委员会

该委员会有70人左右,负责竞赛期间各代表队的食宿、交通、活动等后勤工作.给每个代表队配备1位向导.向导身着印有IMO标记的统一服装.各队如有什么要求或问题均可通过向导反映.IMO的一切活动也由向导传送到各代表队.

3. 信息委员会

负责竞赛前及竞赛期间的文件的编印,

准备奖品和证书等.

4.礼仪委员会

负责澳大利亚政府为1988年IMO组织的庆典仪式、宴会等活动.由内阁有关部门、澳大利亚数学基金会、首都特区教育部门、一些院校及社会公益部门的人员组成.

5.财务委员会

负责这届IMO的财务管理.由两位博士分别担任主席和顾问,一位教授任司库.

6.主试委员会(Jury,或译为评审委员会)

由澳大利亚数学界人士和各国或地区领队组成.主席为波茨教授.别设副主席、翻译、秘书各1位.

主试委员会为IMO的核心.有关竞赛的任何重大问题必须经主试委员会表决通过后才能施行,所以主席必须是数学界的权威人士,办事果断并具有相当的外交经验.

以上6个委员会共约140人,有些人身兼数职.各机构职能分明又互相配合.

这届竞赛活动于1988年7月9日开始.各代表队在当日抵达悉尼并于当日去新南威尔士大学报到.领队报到后就离开代表队住在另一个宾馆,并于11日去往堪培拉.各代表队在副领队的带领下由澳大利亚方面安排在悉尼参观游览,14日去往堪培拉,住

编辑手记

在堪培拉高等教育学院.

领队抵达堪培拉后,住在澳大利亚国立大学,参加主试委员会,确定竞赛试题,译成本国文字.在竞赛的第二天(16日)领队与本国或本地区代表队汇合,并与副领队一起批阅试卷.

竞赛在15、16日两天上午进行,从8:30开始,有15个考场,每个考场有17至18名学生.同一代表队的选手分布在不同的考场.比赛的前半小时(8:30-9:00)为学生提问时间.每个学生有三张试卷,一题一张;又有三张专供提问的纸,也是一题一张.试卷和问题纸上印有学生的编号和题号.学生将问题写在问题纸上由传递员传送.此时领队们在距考场不远的教室等候.学生所提问题由传递员首先送给主试委员会主席过目后,再交给领队.领队必须将学生所提问题译成工作语言当众宣读,由主试委员会决定是否应当回答.领队的回答写好后,必须当众宣读,经主试委员会表决同意后,再由传递员送给学生.

阅卷的结果及时公布在记分牌上.各代表队的成绩如何,一目了然.

根据中国香港代表队的建议,第29届IMO首次设立了荣誉奖,颁发给那些虽然未能获得一、二、三等奖,但至少有一道题得到

澳大利亚中学数学竞赛试题及解答(中级卷)1985—1991

满分的选手. 于是有 26 个代表队的 33 名选手获得了荣誉奖, 其中有 7 个代表队是没有获得一、二、三等奖的. 设置荣誉奖的做法, 显然有利于调动更多国家或地区、更多选手的积极性.

在整个竞赛期间, 澳大利亚工作人员认真负责, 彬彬有礼, 效率之高令人赞叹!

为了表达对大家的感谢, 荷兰领队 J. Notenboom 教授完成了一件奇迹般的工作, 他用 200 个高脚玻璃杯组成了一个大球 (非常优美的数学模型!), 在告别宴会上赠给组委会主席奥哈伦教授.

单墫教授当年在这本著作出版后即赠了一本给笔者, 二十多年过去了, 这本书仍留在笔者的案头上, 听说最近又要再版了.

寥寥数语, 是以为记.

刘培杰

2019.2.21

于哈工大

刘培杰数学工作室
已出版(即将出版)图书目录——初等数学

书 名	出版时间	定 价	编号
新编中学数学解题方法全书(高中版)上卷(第2版)	2018—08	58.00	951
新编中学数学解题方法全书(高中版)中卷(第2版)	2018—08	68.00	952
新编中学数学解题方法全书(高中版)下卷(一)(第2版)	2018—08	58.00	953
新编中学数学解题方法全书(高中版)下卷(二)(第2版)	2018—08	58.00	954
新编中学数学解题方法全书(高中版)下卷(三)(第2版)	2018—08	68.00	955
新编中学数学解题方法全书(初中版)上卷	2008—01	28.00	29
新编中学数学解题方法全书(初中版)中卷	2010—07	38.00	75
新编中学数学解题方法全书(高考复习卷)	2010—01	48.00	67
新编中学数学解题方法全书(高考真题卷)	2010—01	38.00	62
新编中学数学解题方法全书(高考精华卷)	2011—03	68.00	118
新编平面解析几何解题方法全书(专题讲座卷)	2010—01	18.00	61
新编中学数学解题方法全书(自主招生卷)	2013—08	88.00	261
数学奥林匹克与数学文化(第一辑)	2006—05	48.00	4
数学奥林匹克与数学文化(第二辑)(竞赛卷)	2008—01	48.00	19
数学奥林匹克与数学文化(第二辑)(文化卷)	2008—07	58.00	36′
数学奥林匹克与数学文化(第三辑)(竞赛卷)	2010—01	48.00	59
数学奥林匹克与数学文化(第四辑)(竞赛卷)	2011—08	58.00	87
数学奥林匹克与数学文化(第五辑)	2015—06	98.00	370
世界著名平面几何经典著作钩沉——几何作图专题卷(上)	2009—06	48.00	49
世界著名平面几何经典著作钩沉——几何作图专题卷(下)	2011—01	88.00	80
世界著名平面几何经典著作钩沉(民国平面几何老课本)	2011—03	38.00	113
世界著名平面几何经典著作钩沉(建国初期平面三角老课本)	2015—08	38.00	507
世界著名解析几何经典著作钩沉——平面解析几何卷	2014—01	38.00	264
世界著名数论经典著作钩沉(算术卷)	2012—01	28.00	125
世界著名数学经典著作钩沉——立体几何卷	2011—02	28.00	88
世界著名三角学经典著作钩沉(平面三角卷Ⅰ)	2010—06	28.00	69
世界著名三角学经典著作钩沉(平面三角卷Ⅱ)	2011—01	38.00	78
世界著名初等数论经典著作钩沉(理论和实用算术卷)	2011—07	38.00	126
发展你的空间想象力	2017—06	38.00	785
走向国际数学奥林匹克的平面几何试题诠释(上、下)(第1版)	2007—01	68.00	11,12
走向国际数学奥林匹克的平面几何试题诠释(上、下)(第2版)	2010—02	98.00	63,64
平面几何证明方法全书	2007—08	35.00	1
平面几何证明方法全书习题解答(第1版)	2005—10	18.00	2
平面几何证明方法全书习题解答(第2版)	2006—12	18.00	10
平面几何天天练上卷·基础篇(直线型)	2013—01	58.00	208
平面几何天天练中卷·基础篇(涉及圆)	2013—01	28.00	234
平面几何天天练下卷·提高篇	2013—01	58.00	237
平面几何专题研究	2013—07	98.00	258

— 1 —

刘培杰数学工作室
已出版(即将出版)图书目录——初等数学

书　名	出版时间	定价	编号
最新世界各国数学奥林匹克中的平面几何试题	2007—09	38.00	14
数学竞赛平面几何典型题及新颖解	2010—07	48.00	74
初等数学复习及研究(平面几何)	2008—09	58.00	38
初等数学复习及研究(立体几何)	2010—06	38.00	71
初等数学复习及研究(平面几何)习题解答	2009—01	48.00	42
几何学教程(平面几何卷)	2011—03	68.00	90
几何学教程(立体几何卷)	2011—07	68.00	130
几何变换与几何证题	2010—06	88.00	70
计算方法与几何证题	2011—06	28.00	129
立体几何技巧与方法	2014—04	88.00	293
几何瑰宝——平面几何 500 名题暨 1000 条定理(上、下)	2010—07	138.00	76,77
三角形的解法与应用	2012—07	18.00	183
近代的三角形几何学	2012—07	48.00	184
一般折线几何学	2015—08	48.00	503
三角形的五心	2009—06	28.00	51
三角形的六心及其应用	2015—10	68.00	542
三角形趣谈	2012—08	28.00	212
解三角形	2014—01	28.00	265
三角学专门教程	2014—09	28.00	387
图天下几何新题试卷.初中(第 2 版)	2017—11	58.00	855
圆锥曲线习题集(上册)	2013—06	68.00	255
圆锥曲线习题集(中册)	2015—01	78.00	434
圆锥曲线习题集(下册·第 1 卷)	2016—10	78.00	683
圆锥曲线习题集(下册·第 2 卷)	2018—01	98.00	853
论九点圆	2015—05	88.00	645
近代欧氏几何学	2012—03	48.00	162
罗巴切夫斯基几何学及几何基础概要	2012—07	28.00	188
罗巴切夫斯基几何学初步	2015—06	28.00	474
用三角、解析几何、复数、向量计算解数学竞赛几何题	2015—03	48.00	455
美国中学几何教程	2015—04	88.00	458
三线坐标与三角形特征点	2015—04	98.00	460
平面解析几何方法与研究(第 1 卷)	2015—05	18.00	471
平面解析几何方法与研究(第 2 卷)	2015—06	18.00	472
平面解析几何方法与研究(第 3 卷)	2015—07	18.00	473
解析几何研究	2015—01	38.00	425
解析几何学教程.上	2016—01	38.00	574
解析几何学教程.下	2016—01	38.00	575
几何学基础	2016—01	58.00	581
初等几何研究	2015—02	58.00	444
十九和二十世纪欧氏几何学中的片段	2017—01	58.00	696
平面几何中考.高考.奥数一本通	2017—07	28.00	820
几何学简史	2017—08	28.00	833
四面体	2018—01	48.00	880
平面几何证明方法思路	2018—12	68.00	913
平面几何图形特性新析.上篇	2019—01	68.00	911
平面几何图形特性新析.下篇	2018—06	88.00	912
平面几何范例多解探究.上篇	2018—04	48.00	910
平面几何范例多解探究.下篇	2018—12	68.00	914
从分析解题过程学解题:竞赛中的几何问题研究	2018—07	68.00	946
二维、三维欧氏几何的对偶原理	2018—12	38.00	990

刘培杰数学工作室
已出版(即将出版)图书目录——初等数学

书　　名	出版时间	定　价	编号
俄罗斯平面几何问题集	2009—08	88.00	55
俄罗斯立体几何问题集	2014—03	58.00	283
俄罗斯几何大师——沙雷金论数学及其他	2014—01	48.00	271
来自俄罗斯的5000道几何习题及解答	2011—03	58.00	89
俄罗斯初等数学问题集	2012—05	38.00	177
俄罗斯函数问题集	2011—03	38.00	103
俄罗斯组合分析问题集	2011—01	48.00	79
俄罗斯初等数学万题选——三角卷	2012—11	38.00	222
俄罗斯初等数学万题选——代数卷	2013—08	68.00	225
俄罗斯初等数学万题选——几何卷	2014—01	68.00	226
俄罗斯《量子》杂志数学征解问题100题选	2018—08	48.00	969
俄罗斯《量子》杂志数学征解问题又100题选	2018—08	48.00	970
463个俄罗斯几何老问题	2012—01	28.00	152
《量子》数学短文精粹	2018—09	38.00	972
谈谈素数	2011—03	18.00	91
平方和	2011—03	18.00	92
整数论	2011—05	38.00	120
从整数谈起	2015—10	28.00	538
数与多项式	2016—01	38.00	558
谈谈不定方程	2011—05	28.00	119
解析不等式新论	2009—06	68.00	48
建立不等式的方法	2011—03	98.00	104
数学奥林匹克不等式研究	2009—08	68.00	56
不等式研究(第二辑)	2012—02	68.00	153
不等式的秘密(第一卷)	2012—02	28.00	154
不等式的秘密(第一卷)(第2版)	2014—02	38.00	286
不等式的秘密(第二卷)	2014—01	38.00	268
初等不等式的证明方法	2010—06	38.00	123
初等不等式的证明方法(第二版)	2014—11	38.00	407
不等式·理论·方法(基础卷)	2015—07	38.00	496
不等式·理论·方法(经典卷)	2015—07	38.00	497
不等式·理论·方法(特殊类型不等式卷)	2015—07	48.00	498
不等式探究	2016—03	38.00	582
不等式探秘	2017—01	88.00	689
四面体不等式	2017—01	68.00	715
数学奥林匹克中常见重要不等式	2017—09	38.00	845
三正弦不等式	2018—09	98.00	974
同余理论	2012—05	38.00	163
[x]与{x}	2015—04	48.00	476
极值与最值.上卷	2015—06	28.00	486
极值与最值.中卷	2015—06	38.00	487
极值与最值.下卷	2015—06	28.00	488
整数的性质	2012—11	38.00	192
完全平方数及其应用	2015—08	78.00	506
多项式理论	2015—10	88.00	541
奇数、偶数、奇偶分析法	2018—01	98.00	876
不定方程及其应用.上	2018—12	58.00	992
不定方程及其应用.中	2019—01	78.00	993
不定方程及其应用.下	2019—02	98.00	994

刘培杰数学工作室
已出版(即将出版)图书目录——初等数学

书　　名	出版时间	定　价	编号
历届美国中学生数学竞赛试题及解答(第一卷)1950—1954	2014—07	18.00	277
历届美国中学生数学竞赛试题及解答(第二卷)1955—1959	2014—04	18.00	278
历届美国中学生数学竞赛试题及解答(第三卷)1960—1964	2014—06	18.00	279
历届美国中学生数学竞赛试题及解答(第四卷)1965—1969	2014—04	28.00	280
历届美国中学生数学竞赛试题及解答(第五卷)1970—1972	2014—06	18.00	281
历届美国中学生数学竞赛试题及解答(第六卷)1973—1980	2017—07	18.00	768
历届美国中学生数学竞赛试题及解答(第七卷)1981—1986	2015—01	18.00	424
历届美国中学生数学竞赛试题及解答(第八卷)1987—1990	2017—05	18.00	769
历届IMO试题集(1959—2005)	2006—05	58.00	5
历届CMO试题集	2008—09	28.00	40
历届中国数学奥林匹克试题集(第2版)	2017—03	38.00	757
历届加拿大数学奥林匹克试题集	2012—08	38.00	215
历届美国数学奥林匹克试题集:多解推广加强	2012—08	38.00	209
历届美国数学奥林匹克试题集:多解推广加强(第2版)	2016—03	48.00	592
历届波兰数学竞赛试题集.第1卷,1949~1963	2015—03	18.00	453
历届波兰数学竞赛试题集.第2卷,1964~1976	2015—03	18.00	454
历届巴尔干数学奥林匹克试题集	2015—05	38.00	466
保加利亚数学奥林匹克	2014—10	38.00	393
圣彼得堡数学奥林匹克试题集	2015—01	38.00	429
匈牙利奥林匹克数学竞赛题解.第1卷	2016—05	28.00	593
匈牙利奥林匹克数学竞赛题解.第2卷	2016—05	28.00	594
历届美国数学邀请赛试题集(第2版)	2017—10	78.00	851
全国高中数学竞赛试题及解答.第1卷	2014—07	38.00	331
普林斯顿大学数学竞赛	2016—06	38.00	669
亚太地区数学奥林匹克竞赛题	2015—07	18.00	492
日本历届(初级)广中杯数学竞赛试题及解答.第1卷(2000~2007)	2016—05	28.00	641
日本历届(初级)广中杯数学竞赛试题及解答.第2卷(2008~2015)	2016—05	38.00	642
360个数学竞赛问题	2016—08	58.00	677
奥数最佳实战题.上卷	2017—06	38.00	760
奥数最佳实战题.下卷	2017—05	58.00	761
哈尔滨市早期中学数学竞赛试题汇编	2016—07	28.00	672
全国高中数学联赛试题及解答:1981—2017(第2版)	2018—05	98.00	920
20世纪50年代全国部分城市数学竞赛试题汇编	2017—07	28.00	797
高中数学竞赛培训教程:平面几何问题的求解方法与策略.上	2018—05	68.00	906
高中数学竞赛培训教程:平面几何问题的求解方法与策略.下	2018—06	78.00	907
高中数学竞赛培训教程:整除与同余以及不定方程	2018—01	88.00	908
高中数学竞赛培训教程:组合计数与组合极值	2018—04	48.00	909
国内外数学竞赛题及精解:2016~2017	2018—07	45.00	922
许康华竞赛优学精选集.第一辑	2018—08	68.00	949
高考数学临门一脚(含密押三套卷)(理科版)	2017—01	45.00	743
高考数学临门一脚(含密押三套卷)(文科版)	2017—01	45.00	744
新课标高考数学题型全归纳(文科版)	2015—05	72.00	467
新课标高考数学题型全归纳(理科版)	2015—05	82.00	468
洞穿高考数学解答题核心考点(理科版)	2015—11	49.80	550
洞穿高考数学解答题核心考点(文科版)	2015—11	46.80	551

刘培杰数学工作室
已出版(即将出版)图书目录——初等数学

书 名	出版时间	定价	编号
高考数学题型全归纳:文科版.上	2016—05	53.00	663
高考数学题型全归纳:文科版.下	2016—05	53.00	664
高考数学题型全归纳:理科版.上	2016—05	58.00	665
高考数学题型全归纳:理科版.下	2016—05	58.00	666
王连笑教你怎样学数学:高考选择题解题策略与客观题实用训练	2014—01	48.00	262
王连笑教你怎样学数学:高考数学高层次讲座	2015—02	48.00	432
高考数学的理论与实践	2009—08	38.00	53
高考数学核心题型解题方法与技巧	2010—01	28.00	86
高考思维新平台	2014—03	38.00	259
30分钟拿下高考数学选择题、填空题(理科版)	2016—10	39.80	720
30分钟拿下高考数学选择题、填空题(文科版)	2016—10	39.80	721
高考数学压轴题解题诀窍(上)(第2版)	2018—01	58.00	874
高考数学压轴题解题诀窍(下)(第2版)	2018—01	48.00	875
北京市五区文科数学三年高考模拟题详解:2013~2015	2015—08	48.00	500
北京市五区理科数学三年高考模拟题详解:2013~2015	2015—09	68.00	505
向量法巧解数学高考题	2009—08	28.00	54
高考数学万能解题法(第2版)	即将出版	38.00	691
高考物理万能解题法(第2版)	即将出版	38.00	692
高考化学万能解题法(第2版)	即将出版	28.00	693
高考生物万能解题法(第2版)	即将出版	28.00	694
高考数学解题金典(第2版)	2017—01	78.00	716
高考物理解题金典(第2版)	即将出版	68.00	717
高考化学解题金典(第2版)	即将出版	58.00	718
我一定要赚分:高中物理	2016—01	38.00	580
数学高考参考	2016—01	78.00	589
2011~2015年全国及各省市高考数学文科精品试题审题要津与解法研究	2015—10	68.00	539
2011~2015年全国及各省市高考数学理科精品试题审题要津与解法研究	2015—10	88.00	540
最新全国及各省市高考数学试卷解法研究及点拨评析	2009—02	38.00	41
2011年全国及各省市高考数学试题审题要津与解法研究	2011—10	48.00	139
2013年全国及各省市高考数学试题解析与点评	2014—01	48.00	282
全国及各省市高考数学试题审题要津与解法研究	2015—02	48.00	450
新课标高考数学——五年试题分章详解(2007~2011)(上、下)	2011—10	78.00	140,141
全国中考数学压轴题审题要津与解法研究	2013—04	78.00	248
新编全国及各省市中考数学压轴题审题要津与解法研究	2014—05	58.00	342
全国及各省市5年中考数学压轴题审题要津与解法研究(2015版)	2015—04	58.00	462
中考数学专题总复习	2007—04	28.00	6
中考数学较难题、难题常考题型解题方法与技巧.上	2016—01	48.00	584
中考数学较难题、难题常考题型解题方法与技巧.下	2016—01	58.00	585
中考数学较难题常考题型解题方法与技巧	2016—09	48.00	681
中考数学难题常考题型解题方法与技巧	2016—09	48.00	682
中考数学中档题常考题型解题方法与技巧	2017—08	68.00	835
中考数学选择填空压轴好题妙解365	2017—05	38.00	759

刘培杰数学工作室
已出版(即将出版)图书目录——初等数学

书　名	出版时间	定　价	编号
中考数学小压轴汇编初讲	2017—07	48.00	788
中考数学大压轴专题微言	2017—09	48.00	846
北京中考数学压轴题解题方法突破(第4版)	2019—01	58.00	1001
助你高考成功的数学解题智慧:知识是智慧的基础	2016—01	58.00	596
助你高考成功的数学解题智慧:错误是智慧的试金石	2016—04	58.00	643
助你高考成功的数学解题智慧:方法是智慧的推手	2016—04	68.00	657
高考数学奇思妙解	2016—04	38.00	610
高考数学解题策略	2016—05	48.00	670
数学解题泄天机(第2版)	2017—10	48.00	850
高考物理压轴题全解	2017—04	48.00	746
高中物理经典问题25讲	2017—05	28.00	764
高中物理教学讲义	2018—01	48.00	871
2016年高考文科数学真题研究	2017—04	58.00	754
2016年高考理科数学真题研究	2017—04	78.00	755
初中数学、高中数学脱节知识补缺教材	2017—06	48.00	766
高考数学小题抢分必练	2017—10	48.00	834
高考数学核心素养解读	2017—09	38.00	839
高考数学客观题解题方法和技巧	2017—10	38.00	847
十年高考数学精品试题审题要津与解法研究.上卷	2018—01	68.00	872
十年高考数学精品试题审题要津与解法研究.下卷	2018—01	58.00	873
中国历届高考数学试题及解答.1949—1979	2018—01	38.00	877
历届中国高考数学试题及解答.第二卷,1980—1989	2018—10	28.00	975
历届中国高考数学试题及解答.第三卷,1990—1999	2018—10	48.00	976
数学文化与高考研究	2018—03	48.00	882
跟我学解高中数学题	2018—07	58.00	926
中学数学研究的方法及案例	2018—05	58.00	869
高考数学抢分技能	2018—07	68.00	934
高一新生常用数学方法和重要数学思想提升教材	2018—06	38.00	921
2018年高考数学真题研究	2019—01	68.00	1000
新编640个世界著名数学智力趣题	2014—01	88.00	242
500个最新世界著名数学智力趣题	2008—06	48.00	3
400个最新世界著名数学最值问题	2008—09	48.00	36
500个世界著名数学征解问题	2009—06	48.00	52
400个中国最佳初等数学征解老问题	2010—01	48.00	60
500个俄罗斯数学经典老题	2011—01	28.00	81
1000个国外中学物理好题	2012—04	48.00	174
300个日本高考数学题	2012—05	38.00	142
700个早期日本高考数学试题	2017—02	88.00	752
500个前苏联早期高考数学试题及解答	2012—05	28.00	185
546个早期俄罗斯大学生数学竞赛题	2014—03	38.00	285
548个来自美苏的数学好问题	2014—11	28.00	396
20所苏联著名大学早期入学试题	2015—02	18.00	452
161道德国工科大学生必做的微分方程习题	2015—05	28.00	469
500个德国工科大学生必做的高数习题	2015—06	28.00	478
360个数学竞赛问题	2016—08	58.00	677
200个趣味数学故事	2018—02	48.00	857
470个数学奥林匹克中的最值问题	2018—10	88.00	985
德国讲义日本考题.微积分卷	2015—04	48.00	456
德国讲义日本考题.微分方程卷	2015—04	38.00	457
二十世纪中叶中、英、美、日、法、俄高考数学试题精选	2017—06	38.00	783

刘培杰数学工作室
已出版(即将出版)图书目录——初等数学

书　名	出版时间	定　价	编号
中国初等数学研究　2009卷(第1辑)	2009—05	20.00	45
中国初等数学研究　2010卷(第2辑)	2010—05	30.00	68
中国初等数学研究　2011卷(第3辑)	2011—07	60.00	127
中国初等数学研究　2012卷(第4辑)	2012—07	48.00	190
中国初等数学研究　2014卷(第5辑)	2014—02	48.00	288
中国初等数学研究　2015卷(第6辑)	2015—06	68.00	493
中国初等数学研究　2016卷(第7辑)	2016—04	68.00	609
中国初等数学研究　2017卷(第8辑)	2017—01	98.00	712
几何变换(Ⅰ)	2014—07	28.00	353
几何变换(Ⅱ)	2015—06	28.00	354
几何变换(Ⅲ)	2015—01	38.00	355
几何变换(Ⅳ)	2015—12	38.00	356
初等数论难题集(第一卷)	2009—05	68.00	44
初等数论难题集(第二卷)(上、下)	2011—02	128.00	82,83
数论概貌	2011—03	18.00	93
代数数论(第二版)	2013—08	58.00	94
代数多项式	2014—06	38.00	289
初等数论的知识与问题	2011—02	28.00	95
超越数论基础	2011—03	28.00	96
数论初等教程	2011—03	28.00	97
数论基础	2011—03	18.00	98
数论基础与维诺格拉多夫	2014—03	18.00	292
解析数论基础	2012—08	28.00	216
解析数论基础(第二版)	2014—01	48.00	287
解析数论问题集(第二版)(原版引进)	2014—05	88.00	343
解析数论问题集(第二版)(中译本)	2016—04	88.00	607
解析数论基础(潘承洞,潘承彪著)	2016—07	98.00	673
解析数论导引	2016—07	58.00	674
数论入门	2011—03	38.00	99
代数数论入门	2015—03	38.00	448
数论开篇	2012—07	28.00	194
解析数论引论	2011—03	48.00	100
Barban Davenport Halberstam 均值和	2009—01	40.00	33
基础数论	2011—03	28.00	101
初等数论100例	2011—05	18.00	122
初等数论经典例题	2012—07	18.00	204
最新世界各国数学奥林匹克中的初等数论试题(上、下)	2012—01	138.00	144,145
初等数论(Ⅰ)	2012—01	18.00	156
初等数论(Ⅱ)	2012—01	18.00	157
初等数论(Ⅲ)	2012—01	28.00	158

刘培杰数学工作室
已出版（即将出版）图书目录——初等数学

书　名	出版时间	定　价	编号
平面几何与数论中未解决的新老问题	2013—01	68.00	229
代数数论简史	2014—11	28.00	408
代数数论	2015—09	88.00	532
代数、数论及分析习题集	2016—11	98.00	695
数论导引提要及习题解答	2016—01	48.00	559
素数定理的初等证明.第2版	2016—09	48.00	686
数论中的模函数与狄利克雷级数（第二版）	2017—11	78.00	837
数论:数学导引	2018—01	68.00	849
数学精神巡礼	2019—01	58.00	731
数学眼光透视（第2版）	2017—06	78.00	732
数学思想领悟（第2版）	2018—01	68.00	733
数学方法溯源（第2版）	2018—08	68.00	734
数学解题引论	2017—05	58.00	735
数学史话览胜（第2版）	2017—01	48.00	736
数学应用展观（第2版）	2017—08	68.00	737
数学建模尝试	2018—04	48.00	738
数学竞赛采风	2018—01	68.00	739
数学技能操握	2018—03	48.00	741
数学欣赏拾趣	2018—02	48.00	742
从毕达哥拉斯到怀尔斯	2007—10	48.00	9
从迪利克雷到维斯卡尔迪	2008—01	48.00	21
从哥德巴赫到陈景润	2008—05	98.00	35
从庞加莱到佩雷尔曼	2011—08	138.00	136
博弈论精粹	2008—03	58.00	30
博弈论精粹.第二版（精装）	2015—01	88.00	461
数学 我爱你	2008—01	28.00	20
精神的圣徒 别样的人生——60位中国数学家成长的历程	2008—09	48.00	39
数学史概论	2009—06	78.00	50
数学史概论（精装）	2013—03	158.00	272
数学史选讲	2016—01	48.00	544
斐波那契数列	2010—02	28.00	65
数学拼盘和斐波那契魔方	2010—07	38.00	72
斐波那契数列欣赏（第2版）	2018—08	58.00	948
Fibonacci数列中的明珠	2018—06	58.00	928
数学的创造	2011—02	48.00	85
数学美与创造力	2016—01	48.00	595
数海拾贝	2016—01	48.00	590
数学中的美	2011—02	38.00	84
数论中的美学	2014—12	38.00	351

刘培杰数学工作室
已出版(即将出版)图书目录——初等数学

书　名	出版时间	定　价	编号
数学王者　科学巨人——高斯	2015—01	28.00	428
振兴祖国数学的圆梦之旅:中国初等数学研究史话	2015—06	98.00	490
二十世纪中国数学史料研究	2015—10	48.00	536
数字谜、数阵图与棋盘覆盖	2016—01	58.00	298
时间的形状	2016—01	38.00	556
数学发现的艺术:数学探索中的合情推理	2016—07	58.00	671
活跃在数学中的参数	2016—07	48.00	675
数学解题——靠数学思想给力(上)	2011—07	38.00	131
数学解题——靠数学思想给力(中)	2011—07	48.00	132
数学解题——靠数学思想给力(下)	2011—07	38.00	133
我怎样解题	2013—01	48.00	227
数学解题中的物理方法	2011—06	28.00	114
数学解题的特殊方法	2011—06	48.00	115
中学数学计算技巧	2012—01	48.00	116
中学数学证明方法	2012—01	58.00	117
数学趣题巧解	2012—03	28.00	128
高中数学教学通鉴	2015—05	58.00	479
和高中生漫谈:数学与哲学的故事	2014—08	28.00	369
算术问题集	2017—03	38.00	789
张教授讲数学	2018—07	38.00	933
自主招生考试中的参数方程问题	2015—01	28.00	435
自主招生考试中的极坐标问题	2015—04	28.00	463
近年全国重点大学自主招生数学试题全解及研究.华约卷	2015—02	38.00	441
近年全国重点大学自主招生数学试题全解及研究.北约卷	2016—05	38.00	619
自主招生数学解证宝典	2015—09	48.00	535
格点和面积	2012—07	18.00	191
射影几何趣谈	2012—04	28.00	175
斯潘纳尔引理——从一道加拿大数学奥林匹克试题谈起	2014—01	28.00	228
李普希兹条件——从几道近年高考数学试题谈起	2012—10	18.00	221
拉格朗日中值定理——从一道北京高考试题的解法谈起	2015—10	18.00	197
闵科夫斯基定理——从一道清华大学自主招生试题谈起	2014—01	28.00	198
哈尔测度——从一道冬令营试题的背景谈起	2012—08	28.00	202
切比雪夫逼近问题——从一道中国台北数学奥林匹克试题谈起	2013—04	38.00	238
伯恩斯坦多项式与贝齐尔曲面——从一道全国高中数学联赛试题谈起	2013—03	38.00	236
卡塔兰猜想——从一道普特南竞赛试题谈起	2013—06	18.00	256
麦卡锡函数和阿克曼函数——从一道前南斯拉夫数学奥林匹克试题谈起	2012—08	18.00	201
贝蒂定理与拉姆贝克斯尔定理——从一个拣石子游戏谈起	2012—08	18.00	217
皮亚诺曲线和豪斯道夫分球定理——从无限集谈起	2012—08	18.00	211
平面凸图形与凸多面体	2012—10	28.00	218
斯坦因豪斯问题——从一道二十五省市自治区中学数学竞赛试题谈起	2012—07	18.00	196

刘培杰数学工作室
已出版(即将出版)图书目录——初等数学

书 名	出版时间	定 价	编号
纽结理论中的亚历山大多项式与琼斯多项式——从一道北京市高一数学竞赛试题谈起	2012—07	28.00	195
原则与策略——从波利亚"解题表"谈起	2013—04	38.00	244
转化与化归——从三大尺规作图不能问题谈起	2012—08	28.00	214
代数几何中的贝祖定理(第一版)——从一道 IMO 试题的解法谈起	2013—08	18.00	193
成功连贯理论与约当块理论——从一道比利时数学竞赛试题谈起	2012—04	18.00	180
素数判定与大数分解	2014—08	18.00	199
置换多项式及其应用	2012—10	18.00	220
椭圆函数与模函数——从一道美国加州大学洛杉矶分校(UCLA)博士资格考题谈起	2012—10	28.00	219
差分方程的拉格朗日方法——从一道 2011 年全国高考理科试题的解法谈起	2012—08	28.00	200
力学在几何中的一些应用	2013—01	38.00	240
高斯散度定理、斯托克斯定理和平面格林定理——从一道国际大学生数学竞赛试题谈起	即将出版		
康托洛维奇不等式——从一道全国高中联赛试题谈起	2013—03	28.00	337
西格尔引理——从一道第 18 届 IMO 试题的解法谈起	即将出版		
罗斯定理——从一道前苏联数学竞赛试题谈起	即将出版		
拉克斯定理和阿廷定理——从一道 IMO 试题的解法谈起	2014—01	58.00	246
毕卡大定理——从一道美国大学数学竞赛试题谈起	2014—07	18.00	350
贝齐尔曲线——从一道全国高中联赛试题谈起	即将出版		
拉格朗日乘子定理——从一道 2005 年全国高中联赛试题的高等数学解法谈起	2015—05	28.00	480
雅可比定理——从一道日本数学奥林匹克试题谈起	2013—04	48.00	249
李天岩—约克定理——从一道波兰数学竞赛试题谈起	2014—06	28.00	349
整系数多项式因式分解的一般方法——从克朗耐克算法谈起	即将出版		
布劳维不动点定理——从一道前苏联数学奥林匹克试题谈起	2014—01	38.00	273
伯恩赛德定理——从一道英国数学奥林匹克试题谈起	即将出版		
布查特—莫斯特定理——从一道上海市初中竞赛试题谈起	即将出版		
数论中的同余数问题——从一道普林斯顿竞赛试题谈起	即将出版		
范·德蒙行列式——从一道美国数学奥林匹克试题谈起	即将出版		
中国剩余定理:总数法构建中国历史年表	2015—01	28.00	430
牛顿程序与方程求根——从一道全国高考试题解法谈起	即将出版		
库默尔定理——从一道 IMO 预选试题谈起	即将出版		
卢丁定理——从一道冬令营试题的解法谈起	即将出版		
沃斯滕霍姆定理——从一道 IMO 预选试题谈起	即将出版		
卡尔松不等式——从一道莫斯科数学奥林匹克试题谈起	即将出版		
信息论中的香农熵——从一道近年高考压轴题谈起	即将出版		
约当不等式——从一道希望杯竞赛试题谈起	即将出版		
拉比诺维奇定理	即将出版		
刘维尔定理——从一道《美国数学月刊》征解问题的解法谈起	即将出版		
卡塔兰恒等式与级数求和——从一道 IMO 试题的解法谈起	即将出版		
勒让德猜想与素数分布——从一道爱尔兰竞赛试题谈起	即将出版		
天平称重与信息论——从一道基辅市数学奥林匹克试题谈起	即将出版		
哈密尔顿—凯莱定理:从一道高中数学联赛试题的解法谈起	2014—09	18.00	376
艾思特曼定理——从一道 CMO 试题的解法谈起	即将出版		

刘培杰数学工作室
已出版(即将出版)图书目录——初等数学

书 名	出版时间	定 价	编号
阿贝尔恒等式与经典不等式及应用	2018—06	98.00	923
迪利克雷除数问题	2018—07	48.00	930
贝克码与编码理论——从一道全国高中联赛试题谈起	即将出版		
帕斯卡三角形	2014—03	18.00	294
蒲丰投针问题——从2009年清华大学的一道自主招生试题谈起	2014—01	38.00	295
斯图姆定理——从一道"华约"自主招生试题的解法谈起	2014—01	18.00	296
许瓦兹引理——从一道加利福尼亚大学伯克利分校数学系博士生试题谈起	2014—08	18.00	297
拉姆塞定理——从王诗宬院士的一个问题谈起	2016—04	48.00	299
坐标法	2013—12	28.00	332
数论三角形	2014—04	38.00	341
毕克定理	2014—07	18.00	352
数林掠影	2014—09	48.00	389
我们周围的概率	2014—10	38.00	390
凸函数最值定理:从一道华约自主招生题的解法谈起	2014—10	28.00	391
易学与数学奥林匹克	2014—10	38.00	392
生物数学趣谈	2015—01	18.00	409
反演	2015—01	28.00	420
因式分解与圆锥曲线	2015—01	18.00	426
轨迹	2015—01	28.00	427
面积原理:从常庚哲命的一道CMO试题的积分解法谈起	2015—01	48.00	431
形形色色的不动点定理:从一道28届IMO试题谈起	2015—01	38.00	439
柯西函数方程:从一道上海交大自主招生的试题谈起	2015—02	28.00	440
三角恒等式	2015—02	28.00	442
无理性判定:从一道2014年"北约"自主招生试题谈起	2015—01	38.00	443
数学归纳法	2015—03	18.00	451
极端原理与解题	2015—04	28.00	464
法雷级数	2014—08	18.00	367
摆线族	2015—01	38.00	438
函数方程及其解法	2015—05	38.00	470
含参数的方程和不等式	2012—09	28.00	213
希尔伯特第十问题	2016—01	38.00	543
无穷小量的求和	2016—01	28.00	545
切比雪夫多项式:从一道清华大学金秋营试题谈起	2016—01	38.00	583
泽肯多夫定理	2016—03	38.00	599
代数等式证题法	2016—01	28.00	600
三角等式证题法	2016—01	28.00	601
吴大任教授藏书中的一个因式分解公式:从一道美国数学邀请赛试题的解法谈起	2016—06	28.00	656
易卦——类万物的数学模型	2017—08	68.00	838
"不可思议"的数与数系可持续发展	2018—01	38.00	878
最短线	2018—01	38.00	879
幻方和魔方(第一卷)	2012—05	68.00	173
尘封的经典——初等数学经典文献选读(第一卷)	2012—07	48.00	205
尘封的经典——初等数学经典文献选读(第二卷)	2012—07	38.00	206
初级方程式论	2011—03	28.00	106
初等数学研究(Ⅰ)	2008—09	68.00	37
初等数学研究(Ⅱ)(上、下)	2009—05	118.00	46,47

刘培杰数学工作室
已出版(即将出版)图书目录——初等数学

书　　名	出版时间	定　价	编号
趣味初等方程妙题集锦	2014—09	48.00	388
趣味初等数论选美与欣赏	2015—02	48.00	445
耕读笔记(上卷):一位农民数学爱好者的初数探索	2015—04	28.00	459
耕读笔记(中卷):一位农民数学爱好者的初数探索	2015—05	28.00	483
耕读笔记(下卷):一位农民数学爱好者的初数探索	2015—05	28.00	484
几何不等式研究与欣赏.上卷	2016—01	88.00	547
几何不等式研究与欣赏.下卷	2016—01	48.00	552
初等数列研究与欣赏·上	2016—01	48.00	570
初等数列研究与欣赏·下	2016—01	48.00	571
趣味初等函数研究与欣赏.上	2016—09	48.00	684
趣味初等函数研究与欣赏.下	2018—09	48.00	685
火柴游戏	2016—05	38.00	612
智力解谜.第1卷	2017—07	38.00	613
智力解谜.第2卷	2017—07	38.00	614
故事智力	2016—07	48.00	615
名人们喜欢的智力问题	即将出版		616
数学大师的发现、创造与失误	2018—01	48.00	617
异曲同工	2018—09	48.00	618
数学的味道	2018—01	58.00	798
数学千字文	2018—10	68.00	977
数贝偶拾——高考数学题研究	2014—04	28.00	274
数贝偶拾——初等数学研究	2014—04	38.00	275
数贝偶拾——奥数题研究	2014—04	48.00	276
钱昌本教你快乐学数学(上)	2011—12	48.00	155
钱昌本教你快乐学数学(下)	2012—03	58.00	171
集合、函数与方程	2014—01	28.00	300
数列与不等式	2014—01	38.00	301
三角与平面向量	2014—01	28.00	302
平面解析几何	2014—01	38.00	303
立体几何与组合	2014—01	28.00	304
极限与导数、数学归纳法	2014—01	38.00	305
趣味数学	2014—03	28.00	306
教材教法	2014—04	68.00	307
自主招生	2014—05	58.00	308
高考压轴题(上)	2015—01	48.00	309
高考压轴题(下)	2014—10	68.00	310
从费马到怀尔斯——费马大定理的历史	2013—10	198.00	I
从庞加莱到佩雷尔曼——庞加莱猜想的历史	2013—10	298.00	II
从切比雪夫到爱尔特希(上)——素数定理的初等证明	2013—07	48.00	III
从切比雪夫到爱尔特希(下)——素数定理100年	2012—12	98.00	III
从高斯到盖尔方特——二次域的高斯猜想	2013—10	198.00	IV
从库默尔到朗兰兹——朗兰兹猜想的历史	2014—01	98.00	V
从比勃巴赫到德布朗斯——比勃巴赫猜想的历史	2014—02	298.00	VI
从麦比乌斯到陈省身——麦比乌斯变换与麦比乌斯带	2014—02	298.00	VII
从布尔到豪斯道夫——布尔方程与格论漫谈	2013—10	198.00	VIII
从开普勒到阿诺德——三体问题的历史	2014—05	298.00	IX
从华林到华罗庚——华林问题的历史	2013—10	298.00	X

刘培杰数学工作室
已出版(即将出版)图书目录——初等数学

书　名	出版时间	定　价	编号
美国高中数学竞赛五十讲.第1卷(英文)	2014-08	28.00	357
美国高中数学竞赛五十讲.第2卷(英文)	2014-08	28.00	358
美国高中数学竞赛五十讲.第3卷(英文)	2014-09	28.00	359
美国高中数学竞赛五十讲.第4卷(英文)	2014-09	28.00	360
美国高中数学竞赛五十讲.第5卷(英文)	2014-10	28.00	361
美国高中数学竞赛五十讲.第6卷(英文)	2014-11	28.00	362
美国高中数学竞赛五十讲.第7卷(英文)	2014-12	28.00	363
美国高中数学竞赛五十讲.第8卷(英文)	2015-01	28.00	364
美国高中数学竞赛五十讲.第9卷(英文)	2015-01	28.00	365
美国高中数学竞赛五十讲.第10卷(英文)	2015-02	38.00	366
三角函数(第2版)	2017-04	38.00	626
不等式	2014-01	38.00	312
数列	2014-01	38.00	313
方程(第2版)	2017-04	38.00	624
排列和组合	2014-01	28.00	315
极限与导数(第2版)	2016-04	38.00	635
向量(第2版)	2018-08	58.00	627
复数及其应用	2014-08	28.00	318
函数	2014-01	38.00	319
集合	即将出版		320
直线与平面	2014-01	28.00	321
立体几何(第2版)	2016-04	38.00	629
解三角形	即将出版		323
直线与圆(第2版)	2016-11	38.00	631
圆锥曲线(第2版)	2016-09	48.00	632
解题通法(一)	2014-07	38.00	326
解题通法(二)	2014-07	38.00	327
解题通法(三)	2014-05	38.00	328
概率与统计	2014-01	28.00	329
信息迁移与算法	即将出版		330
IMO 50年.第1卷(1959-1963)	2014-11	28.00	377
IMO 50年.第2卷(1964-1968)	2014-11	28.00	378
IMO 50年.第3卷(1969-1973)	2014-09	28.00	379
IMO 50年.第4卷(1974-1978)	2016-04	38.00	380
IMO 50年.第5卷(1979-1984)	2015-04	38.00	381
IMO 50年.第6卷(1985-1989)	2015-04	58.00	382
IMO 50年.第7卷(1990-1994)	2016-01	48.00	383
IMO 50年.第8卷(1995-1999)	2016-06	38.00	384
IMO 50年.第9卷(2000-2004)	2015-04	58.00	385
IMO 50年.第10卷(2005-2009)	2016-01	48.00	386
IMO 50年.第11卷(2010-2015)	2017-03	48.00	646

刘培杰数学工作室
已出版(即将出版)图书目录——初等数学

书 名	出版时间	定 价	编号
数学反思(2007—2008)	即将出版		915
数学反思(2008—2009)	2019—01	68.00	917
数学反思(2010—2011)	2018—05	58.00	916
数学反思(2012—2013)	2019—01	58.00	918
数学反思(2014—2015)	即将出版		919
历届美国大学生数学竞赛试题集.第一卷(1938—1949)	2015—01	28.00	397
历届美国大学生数学竞赛试题集.第二卷(1950—1959)	2015—01	28.00	398
历届美国大学生数学竞赛试题集.第三卷(1960—1969)	2015—01	28.00	399
历届美国大学生数学竞赛试题集.第四卷(1970—1979)	2015—01	18.00	400
历届美国大学生数学竞赛试题集.第五卷(1980—1989)	2015—01	28.00	401
历届美国大学生数学竞赛试题集.第六卷(1990—1999)	2015—01	28.00	402
历届美国大学生数学竞赛试题集.第七卷(2000—2009)	2015—08	18.00	403
历届美国大学生数学竞赛试题集.第八卷(2010—2012)	2015—01	18.00	404
新课标高考数学创新题解题诀窍:总论	2014—09	28.00	372
新课标高考数学创新题解题诀窍:必修 1~5 分册	2014—08	38.00	373
新课标高考数学创新题解题诀窍:选修 2—1,2—2,1—1,1—2 分册	2014—09	38.00	374
新课标高考数学创新题解题诀窍:选修 2—3,4—4,4—5 分册	2014—09	18.00	375
全国重点大学自主招生英文数学试题全攻略:词汇卷	2015—07	48.00	410
全国重点大学自主招生英文数学试题全攻略:概念卷	2015—01	28.00	411
全国重点大学自主招生英文数学试题全攻略:文章选读卷(上)	2016—09	38.00	412
全国重点大学自主招生英文数学试题全攻略:文章选读卷(下)	2017—01	58.00	413
全国重点大学自主招生英文数学试题全攻略:试题卷	2015—07	38.00	414
全国重点大学自主招生英文数学试题全攻略:名著欣赏卷	2017—03	48.00	415
劳埃德数学趣题大全.题目卷.1.英文	2016—01	18.00	516
劳埃德数学趣题大全.题目卷.2.英文	2016—01	18.00	517
劳埃德数学趣题大全.题目卷.3.英文	2016—01	18.00	518
劳埃德数学趣题大全.题目卷.4.英文	2016—01	18.00	519
劳埃德数学趣题大全.题目卷.5.英文	2016—01	18.00	520
劳埃德数学趣题大全.答案卷.英文	2016—01	18.00	521
李成章教练奥数笔记.第 1 卷	2016—01	48.00	522
李成章教练奥数笔记.第 2 卷	2016—01	48.00	523
李成章教练奥数笔记.第 3 卷	2016—01	38.00	524
李成章教练奥数笔记.第 4 卷	2016—01	38.00	525
李成章教练奥数笔记.第 5 卷	2016—01	38.00	526
李成章教练奥数笔记.第 6 卷	2016—01	38.00	527
李成章教练奥数笔记.第 7 卷	2016—01	38.00	528
李成章教练奥数笔记.第 8 卷	2016—01	48.00	529
李成章教练奥数笔记.第 9 卷	2016—01	28.00	530

刘培杰数学工作室
已出版(即将出版)图书目录——初等数学

书　名	出版时间	定　价	编号
第19～23届"希望杯"全国数学邀请赛试题审题要津详细评注(初一版)	2014—03	28.00	333
第19～23届"希望杯"全国数学邀请赛试题审题要津详细评注(初二、初三版)	2014—03	38.00	334
第19～23届"希望杯"全国数学邀请赛试题审题要津详细评注(高一版)	2014—03	28.00	335
第19～23届"希望杯"全国数学邀请赛试题审题要津详细评注(高二版)	2014—03	38.00	336
第19～25届"希望杯"全国数学邀请赛试题审题要津详细评注(初一版)	2015—01	38.00	416
第19～25届"希望杯"全国数学邀请赛试题审题要津详细评注(初二、初三版)	2015—01	58.00	417
第19～25届"希望杯"全国数学邀请赛试题审题要津详细评注(高一版)	2015—01	48.00	418
第19～25届"希望杯"全国数学邀请赛试题审题要津详细评注(高二版)	2015—01	48.00	419
物理奥林匹克竞赛大题典——力学卷	2014—11	48.00	405
物理奥林匹克竞赛大题典——热学卷	2014—04	28.00	339
物理奥林匹克竞赛大题典——电磁学卷	2015—07	48.00	406
物理奥林匹克竞赛大题典——光学与近代物理卷	2014—06	28.00	345
历届中国东南地区数学奥林匹克试题集(2004～2012)	2014—06	18.00	346
历届中国西部地区数学奥林匹克试题集(2001～2012)	2014—07	18.00	347
历届中国女子数学奥林匹克试题集(2002～2012)	2014—08	18.00	348
数学奥林匹克在中国	2014—06	98.00	344
数学奥林匹克问题集	2014—01	38.00	267
数学奥林匹克不等式散论	2010—06	38.00	124
数学奥林匹克不等式欣赏	2011—09	38.00	138
数学奥林匹克超级题库(初中卷上)	2010—01	58.00	66
数学奥林匹克不等式证明方法和技巧(上、下)	2011—08	158.00	134,135
他们学什么:原民主德国中学数学课本	2016—09	38.00	658
他们学什么:英国中学数学课本	2016—09	38.00	659
他们学什么:法国中学数学课本.1	2016—09	38.00	660
他们学什么:法国中学数学课本.2	2016—09	28.00	661
他们学什么:法国中学数学课本.3	2016—09	38.00	662
他们学什么:苏联中学数学课本	2016—09	28.00	679
高中数学题典——集合与简易逻辑·函数	2016—07	48.00	647
高中数学题典——导数	2016—07	48.00	648
高中数学题典——三角函数·平面向量	2016—07	48.00	649
高中数学题典——数列	2016—07	58.00	650
高中数学题典——不等式·推理与证明	2016—07	38.00	651
高中数学题典——立体几何	2016—07	48.00	652
高中数学题典——平面解析几何	2016—07	78.00	653
高中数学题典——计数原理·统计·概率·复数	2016—07	48.00	654
高中数学题典——算法·平面几何·初等数论·组合数学·其他	2016—07	68.00	655

刘培杰数学工作室
已出版(即将出版)图书目录——初等数学

书　名	出版时间	定　价	编号
台湾地区奥林匹克数学竞赛试题.小学一年级	2017—03	38.00	722
台湾地区奥林匹克数学竞赛试题.小学二年级	2017—03	38.00	723
台湾地区奥林匹克数学竞赛试题.小学三年级	2017—03	38.00	724
台湾地区奥林匹克数学竞赛试题.小学四年级	2017—03	38.00	725
台湾地区奥林匹克数学竞赛试题.小学五年级	2017—03	38.00	726
台湾地区奥林匹克数学竞赛试题.小学六年级	2017—03	38.00	727
台湾地区奥林匹克数学竞赛试题.初中一年级	2017—03	38.00	728
台湾地区奥林匹克数学竞赛试题.初中二年级	2017—03	38.00	729
台湾地区奥林匹克数学竞赛试题.初中三年级	2017—03	28.00	730
不等式证题法	2017—04	28.00	747
平面几何培优教程	即将出版		748
奥数鼎级培优教程.高一分册	2018—09	88.00	749
奥数鼎级培优教程.高二分册.上	2018—04	68.00	750
奥数鼎级培优教程.高二分册.下	2018—04	68.00	751
高中数学竞赛冲刺宝典	即将出版		883
初中尖子生数学超级题典.实数	2017—07	58.00	792
初中尖子生数学超级题典.式、方程与不等式	2017—08	58.00	793
初中尖子生数学超级题典.圆、面积	2017—08	38.00	794
初中尖子生数学超级题典.函数、逻辑推理	2017—08	48.00	795
初中尖子生数学超级题典.角、线段、三角形与多边形	2017—07	58.00	796
数学王子——高斯	2018—01	48.00	858
坎坷奇星——阿贝尔	2018—01	48.00	859
闪烁奇星——伽罗瓦	2018—01	58.00	860
无穷统帅——康托尔	2018—01	48.00	861
科学公主——柯瓦列夫斯卡娅	2018—01	48.00	862
抽象代数之母——埃米·诺特	2018—01	48.00	863
电脑先驱——图灵	2018—01	58.00	864
昔日神童——维纳	2018—01	48.00	865
数坛怪侠——爱尔特希	2018—01	68.00	866
当代世界中的数学.数学思想与数学基础	2019—01	38.00	892
当代世界中的数学.数学问题	2019—01	38.00	893
当代世界中的数学.应用数学与数学应用	2019—01	38.00	894
当代世界中的数学.数学王国的新疆域(一)	2019—01	38.00	895
当代世界中的数学.数学王国的新疆域(二)	2019—01	38.00	896
当代世界中的数学.数林撷英(一)	2019—01	38.00	897
当代世界中的数学.数林撷英(二)	2019—01	48.00	898
当代世界中的数学.数学之路	2019—01	38.00	899

刘培杰数学工作室
已出版(即将出版)图书目录——初等数学

书　　名	出版时间	定　价	编号
105 个代数问题:来自 AwesomeMath 夏季课程	2019—02	58.00	956
106 个几何问题:来自 AwesomeMath 夏季课程	即将出版		957
107 个几何问题:来自 AwesomeMath 全年课程	即将出版		958
108 个代数问题:来自 AwesomeMath 全年课程	2019—01	68.00	959
109 个不等式:来自 AwesomeMath 夏季课程	即将出版		960
国际数学奥林匹克中的 110 个几何问题	即将出版		961
111 个代数和数论问题	即将出版		962
112 个组合问题:来自 AwesomeMath 夏季课程	即将出版		963
113 个几何不等式:来自 AwesomeMath 夏季课程	即将出版		964
114 个指数和对数问题:来自 AwesomeMath 夏季课程	即将出版		965
115 个三角问题:来自 AwesomeMath 夏季课程	即将出版		966
116 个代数不等式:来自 AwesomeMath 全年课程	即将出版		967
紫色慧星国际数学竞赛试题	2019—02	58.00	999
澳大利亚中学数学竞赛试题及解答(初级卷)1978～1984	2019—02	28.00	1002
澳大利亚中学数学竞赛试题及解答(初级卷)1985～1991	2019—02	28.00	1003
澳大利亚中学数学竞赛试题及解答(初级卷)1992～1998	2019—02	28.00	1004
澳大利亚中学数学竞赛试题及解答(初级卷)1999～2005	2019—02	28.00	1005
澳大利亚中学数学竞赛试题及解答(中级卷)1978～1984	即将出版		1006
澳大利亚中学数学竞赛试题及解答(中级卷)1985～1991	即将出版		1007
澳大利亚中学数学竞赛试题及解答(中级卷)1992～1998	即将出版		1008
澳大利亚中学数学竞赛试题及解答(中级卷)1999～2005	即将出版		1009
澳大利亚中学数学竞赛试题及解答(高级卷)1978～1984	即将出版		1010
澳大利亚中学数学竞赛试题及解答(高级卷)1985～1991	即将出版		1011
澳大利亚中学数学竞赛试题及解答(高级卷)1992～1998	即将出版		1012
澳大利亚中学数学竞赛试题及解答(高级卷)1999～2005	即将出版		1013

联系地址:哈尔滨市南岗区复华四道街 10 号　哈尔滨工业大学出版社刘培杰数学工作室
网　　址:http://lpj.hit.edu.cn/
邮　　编:150006
联系电话:0451—86281378　　13904613167
E-mail:lpj1378@163.com